#홈스쿨링
#혼자 공부하기

유형
해결의 법칙

Chunjae
Makes
Chunjae

▼

[유형 해결의 법칙] 초등 수학 4-1

기획총괄	김안나
편집개발	이근우, 한인숙, 서진호, 박웅
디자인총괄	김희정
표지디자인	윤순미
내지디자인	박희춘, 이혜미
제작	황성진, 조규영

발행일	2021년 9월 15일 개정초판 2022년 9월 15일 2쇄
발행인	(주)천재교육
주소	서울시 금천구 가산로9길 54
신고번호	제2001-000018호
고객센터	1577-0902

유형 해결의 법칙 BOOK 1 QR 활용 안내

오답 노트

틀린 문제 저장! 출력!

학습을 마칠 때에는 **오답노트**에 어떤 문제를 틀렸는지 표시해.
나중에 틀린 문제만 모아서 다시 풀면 **실력도 쑥쑥** 늘겠지?

① 오답노트 앱을 설치 후 로그인
② 책 표지의 QR 코드를 스캔하여 내 교재 등록
③ 오답 노트를 작성할 교재 아래에 있는 ⑭ 를 터치하여 문항 번호를 선택하기

문항번호 선택

날짜별 또는 단원별 보기

틀린 문제는 모르는 채 넘어 가지 말자구!

인쇄 가능

자세한 개념 동영상

단원별로 필요한 기본 개념은 QR을 찍어 동영상으로 자세하게 학습할 수 있습니다.

1. 큰 수
단계 **핵심 개념**

개념에 대한 자세한 동영상 강의를 시청하세요.

문제 생성기

추가적인 문제는 QR을 찍으면 더 풀 수 있습니다.

기초 문제
QR 코드를 찍어 보세요.
새로운 문제를 계속 풀 수 있어요.

문제 풀이 동영상

문제 풀이 동영상 강의

2-2 어떤 수에 169를 더해야 할 것을 잘못하여 169를 뺐더니 452가 되었습니다. 바르게 계산한 값을 구하시오.

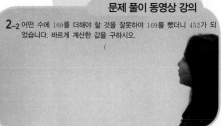

Book 1 기본 · 난이도 하와 중의 문제로 구성하였습니다.

1 단계

핵심 개념+기초 문제

단원별로 꼭 필요한 핵심 개념만 모았습니다. 필요한 기본 개념은 QR을 찍어 동영상으로 학습할 수 있습니다.

단원별 기초 문제를 통해 기초력 확인을 하고 추가적인 문제는 QR을 찍으면 더 풀 수 있습니다.

▶ 개념 동영상 강의 제공

문제 생성기

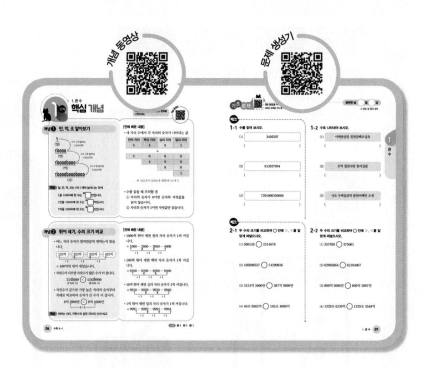

2 단계

기본 유형

단원별로 기본적인 유형에 해당하는 문제를 모았습니다.

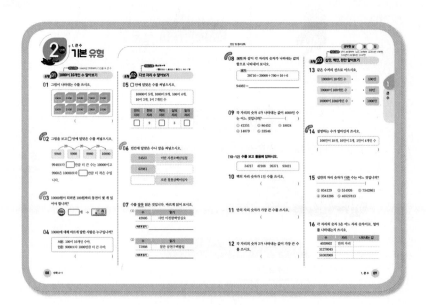

잘 틀리는 유형+서술형 유형

잘 틀리는 유형으로 오답을 피할 수 있도록 연습하고 특히 함정 유형에서 함정에 빠지지 않도록 연습합니다.
서술형 유형은 서술형 문제를 연습할 수 있습니다.

▶ 동영상 강의 제공

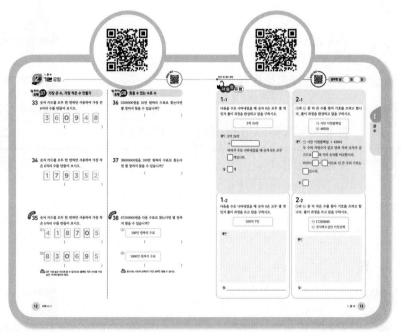

유형(단원)평가

단원별로 공부한 기본 유형을 제대로 공부했는지 유형 평가를 통해 복습할 수 있습니다.

단원평가 제공

Book1

차례

1 큰 수

개념에 대한 **자세한 동영상 강의**를 시청하세요.

개념 ❶ 만, 억, 조 알아보기

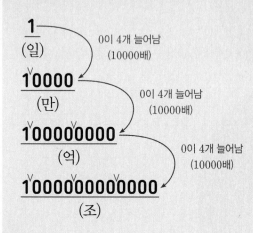

1
(일)

0이 4개 늘어남
(10000배)

10000
(만)

0이 4개 늘어남
(10000배)

100000000
(억)

0이 4개 늘어남
(10000배)

1000000000000
(조)

핵심 일, 만, 억, 조는 0이 4개씩 늘어나는 관계

1을 10000배 한 수는 ❶ ☐ 만입니다.

1만을 10000배 한 수는 ❷ ☐ 억입니다.

1억을 10000배 한 수는 ❸ ☐ 조입니다.

[전에 배운 내용]

• 네 자리 수에서 각 자리의 숫자가 나타내는 값

천의 자리	백의 자리	십의 자리	일의 자리
5	4	8	1

↓

5	0	0	0
	4	0	0
		8	0
			1

➔ $5481 = 5000 + 400 + 80 + 1$

• 수를 읽을 때 주의할 점
  ① 자리의 숫자가 0이면 숫자와 자릿값을 읽지 않습니다.
  ② 자리의 숫자가 1이면 자릿값만 읽습니다.

개념 ❷ 뛰어 세기, 수의 크기 비교

• 어느 자리 숫자가 얼마만큼씩 변하는지 찾습니다.

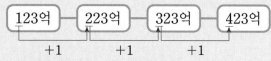

123억 — 223억 — 323억 — 423억
  +1   +1   +1

➔ 100억씩 뛰어 세었습니다.

• 자릿수가 다르면 자릿수가 많은 수가 더 큽니다.

2145689 $<$ 12458900
(7자리 수)　　(8자리 수)

• 자릿수가 같으면 가장 높은 자리의 숫자부터 차례로 비교하여 숫자가 큰 수가 더 큽니다.

8억 3900만 $<$ 8억 4500만
　　　　3<4

핵심 변하는 자리, 자릿수와 같은 자리의 숫자 비교

[전에 배운 내용]

• 1000씩 뛰어 세면 천의 자리 숫자가 1씩 커집니다.
  ➔ $1000 - 2000 - 3000 - 4000$
  　　+1　　+1　　+1

• 100씩 뛰어 세면 백의 자리 숫자가 1씩 커집니다.
  ➔ $9100 - 9200 - 9300 - 9400$
  　　+1　　+1　　+1

• 10씩 뛰어 세면 십의 자리 숫자가 1씩 커집니다.
  ➔ $9910 - 9920 - 9930 - 9940$
  　　+1　　+1　　+1

• 1씩 뛰어 세면 일의 자리 숫자가 1씩 커집니다.
  ➔ $9991 - 9992 - 9993 - 9994$
  　　+1　　+1　　+1

정답 ❶ 1 ❷ 1 ❸ 1

QR 코드를 찍어 보세요.
새로운 문제를 계속 풀 수 있어요.

체크

1-1 수를 읽어 보시오.

(1)

| 3426597 |

(　　　　　　　　　　　　　　)

(2)

| 813527094 |

(　　　　　　　　　　　　　　)

(3)

| 7291000350860 |

(　　　　　　　　　　　　　　)

1-2 수로 나타내어 보시오.

(1)

| 이백팔십만 칠천삼백오십육 |

(　　　　　　　　　　　　　　)

(2)

| 오억 칠천사만 천이십팔 |

(　　　　　　　　　　　　　　)

(3)

| 사조 구백십삼억 팔천이백만 오천 |

(　　　　　　　　　　　　　　)

체크

2-1 두 수의 크기를 비교하여 ◯ 안에 >, <를 알맞게 써넣으시오.

(1) 500145 ◯ 2314678

(2) 426098537 ◯ 74290836

(3) 3124억 5000만 ◯ 387억 9800만

(4) 40조 9562억 ◯ 105조 4000억

2-2 두 수의 크기를 비교하여 ◯ 안에 >, <를 알맞게 써넣으시오.

(1) 357928 ◯ 375061

(2) 62005864 ◯ 62104067

(3) 809억 5006만 ◯ 809억 2907만

(4) 1329조 6230억 ◯ 1329조 3548억

1. 큰 수

2단계 기본 유형

핵심 내용 ▶ 10000은 9999보다 1만큼 더 큰 수

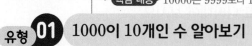

유형 01 1000이 10개인 수 알아보기

01 그림이 나타내는 수를 쓰시오.

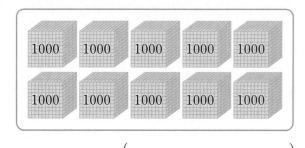

( )

02 그림을 보고 ☐ 안에 알맞은 수를 써넣으시오.

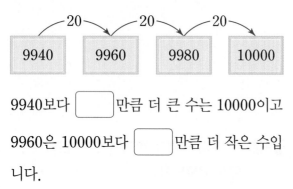

9940보다 ☐ 만큼 더 큰 수는 10000이고

9960은 10000보다 ☐ 만큼 더 작은 수입니다.

03 10000원이 되려면 100원짜리 동전이 몇 개 있어야 합니까?

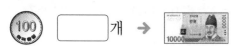

04 10000에 대해 바르게 말한 사람은 누구입니까?

> 서윤: 100이 10개인 수야.
> 민준: 9000보다 1000만큼 더 큰 수야.

( )

핵심 내용 ■▲●★♥
= ■0000 + ▲000 + ●00 + ★0 + ♥

유형 02 다섯 자리 수 알아보기

05 ☐ 안에 알맞은 수를 써넣으시오.

> 10000이 5개, 1000이 9개, 100이 4개,
> 10이 3개, 1이 7개인 수

만의 자리	천의 자리	백의 자리	십의 자리	일의 자리
☐	9	☐	3	☐

06 빈칸에 알맞은 수나 말을 써넣으시오.

24537	이만 사천오백삼십칠
62981	
	오만 칠천삼백이십사

07 수를 잘못 읽은 것입니다. 바르게 읽어 보시오.

(1)

수	읽기
42805	사만 이천팔백영십오

바르게 읽기

(2)

수	읽기
73908	칠만 삼천구백팔십

바르게 읽기

핵심 내용 ► 1만이 10개이면 10만, 10만이 10개이면 100만, 100만이 10개이면 1000만

08 보기 와 같이 각 자리의 숫자가 나타내는 값의 합으로 나타내어 보시오.

보기

$$30716 = 30000 + 700 + 10 + 6$$

$94082 =$ _____

09 각 자리의 숫자 4가 나타내는 값이 4000인 수는 어느 것입니까? ·················· (   )

① 42351   ② 86452   ③ 18024

④ 14079   ⑤ 33546

[10~12] 수를 보고 물음에 답하시오.

34217   42108   26371   93421

10 백의 자리 숫자가 1인 수를 쓰시오.

(   )

11 만의 자리 숫자가 가장 큰 수를 쓰시오.

(   )

12 각 자리의 숫자 2가 나타내는 값이 가장 큰 수를 쓰시오.

(   )

유형 03 십만, 백만, 천만 알아보기

13 같은 수끼리 선으로 이으시오.

| 10000이 10개인 수 | • | • | 100만 |

| 10000이 100개인 수 | • | • | 10만 |

| 10000이 1000개인 수 | • | • | 1000만 |

14 설명하는 수가 얼마인지 쓰시오.

100만이 18개, 10만이 3개, 1만이 4개인 수

(   )

15 십만의 자리 숫자가 다른 수는 어느 것입니까? ································· (   )

① 854129   ② 514926   ③ 7542861

④ 3541286   ⑤ 46527813

16 각 자리의 숫자 3은 어느 자리 숫자이고, 얼마를 나타내는지 쓰시오.

수	자리	나타내는 값
4039802	만의 자리	
31270045		
58302009		

1

큰 수

 **기본 유형**

> **핵심 내용** 1000만이 10개이면 1억, 1000억이 10개이면 1조

유형 04 억과 조 알아보기

17 수로 나타내어 보시오.

> 사백억 육천칠만

( )

18 1조가 되도록 ☐ 안에 알맞은 수를 써넣으시오.

1억이 ☐ 개인 수

10억이 ☐ 개인 수

100억이 ☐ 개인 수

1000억이 ☐ 개인 수

19 각 자리의 숫자 1이 1조를 나타내는 것은 어느 것입니까? ·························· ( )

> ③ ⑤
> 17117110000000
> ①② ④

20 보기 와 같이 나타내어 보시오.

> **보기**
> 128407593058
> → 1284억 759만 3058
> → 천이백팔십사억 칠백오십구만 삼천오십팔
>
> 279541830570

→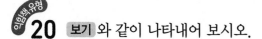

→ _____

21 나타내는 수가 <u>다른</u> 것은 어느 것입니까? ··· ( )

① 1000만이 10개인 수
② 100만이 100개인 수
③ 9900만보다 100만만큼 더 큰 수
④ 9000만보다 1000만만큼 더 큰 수
⑤ 9999만보다 1만만큼 더 큰 수

22 각 자리의 숫자 6이 나타내는 값이 가장 큰 수를 찾아 기호를 쓰시오.

> ㉠ 378652471091 ㉡ 613028300497
> ㉢ 846012380000 ㉣ 264194723508

( )

23 다음을 수로 나타내고 읽어 보시오.

> 조가 162개, 억이 74개, 만이 5000개인 수

쓰기 ( )
읽기 ( )

24 오천이백구조를 조건에 맞게 고쳐서 수로 나타내어 보시오.

> **조건**
> • 천조의 자리 숫자는 2만큼 더 큽니다.
> • 십조의 자리 숫자는 7만큼 더 큽니다.
> • 조의 자리 숫자는 4만큼 더 작습니다.

( )

→ 핵심 내용 어느 자리 숫자가 얼마만큼씩 변하는지 찾기

유형 05 뛰어 세기

25 100억씩 뛰어 세어 보시오.

650억	750억	850억

26 얼마씩 뛰어 세었는지 쓰시오.

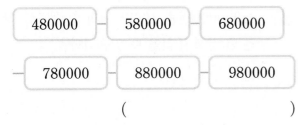

480000	580000	680000

780000	880000	980000

(   )

27 5조씩 뛰어 세었을 때 ㉠을 구하시오.

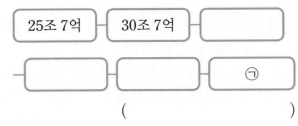

25조 7억	30조 7억	

		㉠

(   )

28 3160만에서 100만씩 커지게 6번 뛰어 센 수를 구하시오.

(   )

→ 핵심 내용 자릿수부터 비교, 자릿수가 같으면 가장 높은 자리의 숫자부터 차례로 비교

유형 06 큰 수의 크기 비교

29 두 수의 크기를 비교하여 ○ 안에 >, <를 알 맞게 써넣으시오.

(1) 54691207 ◯ 342801569

(2) 8630027541 ◯ 61054837200

30 두 수의 크기를 비교하여 ○ 안에 >, <를 알 맞게 써넣으시오.

(1) 528627 ◯ 436739

(2) 60382419 ◯ 60724350

31 큰 수부터 차례로 기호를 쓰시오.

㉠ 194586200
㉡ 8327044
㉢ 46052398

(   )

32 0부터 9까지의 숫자 중에서 □ 안에 들어갈 수 있는 숫자를 모두 쓰시오.

23□726 < 234612

(   )

잘 틀리는 **유형 07** 가장 큰 수, 가장 작은 수 만들기

33 숫자 카드를 모두 한 번씩만 사용하여 가장 큰 6자리 수를 만들어 보시오.

3 6 0 9 4 8

( )

34 숫자 카드를 모두 한 번씩만 사용하여 가장 작은 6자리 수를 만들어 보시오.

1 7 9 3 5 2

( )

35 숫자 카드를 모두 한 번씩만 사용하여 가장 작은 6자리 수를 만들어 보시오.

(1) 4 1 8 7 0 5

( )

(2) 8 3 0 6 9 5

( )

KEY 0은 가장 높은 자리에 올 수 없으므로 둘째로 작은 숫자를 가장 높은 자리에 놓아야 해요.

잘 틀리는 **유형 08** 찾을 수 있는 수표 수

36 5200000원을 10만 원짜리 수표로 찾는다면 몇 장까지 찾을 수 있습니까?

( )

37 38000000원을 100만 원짜리 수표로 찾는다면 몇 장까지 찾을 수 있습니까?

( )

38 67500000원을 다음 수표로 찾는다면 몇 장까지 찾을 수 있습니까?

(1) 100만 원짜리 수표

( )

(2) 1000만 원짜리 수표

( )

KEY 찾으려는 수표의 금액보다 작은 금액은 찾을 수 없어요.

서술형 유형

1-1

다음을 수로 나타내었을 때 숫자 0은 모두 몇 개인지 풀이 과정을 완성하고 답을 구하시오.

> 5억 24만

풀이 5억 24만

→ ◻◻◻◻◻◻

따라서 수로 나타내었을 때 숫자 0은 모두 ◻개입니다.

답 ◻개

1-2

다음을 수로 나타내었을 때 숫자 0은 모두 몇 개인지 풀이 과정을 쓰고 답을 구하시오.

> 320억 7만

풀이

답 _____

2-1

㉠과 ㉡ 중 더 큰 수를 찾아 기호를 쓰려고 합니다. 풀이 과정을 완성하고 답을 구하시오.

> ㉠ 사만 이천팔백일
> ㉡ 48920

풀이 ㉠ 사만 이천팔백일 → 42801

두 수의 자릿수가 같고 만의 자리 숫자가 같으므로 ◻의 자리 숫자를 비교합니다.

따라서 ◻ < ◻ 이므로 더 큰 수의 기호는 ◻입니다.

답 ◻

2-2

㉠과 ㉡ 중 더 작은 수를 찾아 기호를 쓰려고 합니다. 풀이 과정을 쓰고 답을 구하시오.

> ㉠ 17283000
> ㉡ 천사백오십만 이천삼백

풀이

답 _____

점수

01 그림을 보고 ☐ 안에 알맞은 수를 써넣으시오.

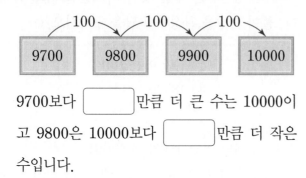

9700보다 ☐ 만큼 더 큰 수는 10000이고 9800은 10000보다 ☐ 만큼 더 작은 수입니다.

02 10000원이 되려면 10원짜리 동전이 몇 개 있어야 합니까?

03 ☐ 안에 알맞은 수를 써넣으시오.

> 10000이 7개, 1000이 2개, 100이 8개, 10이 1개, 1이 6개인 수

만의 자리	천의 자리	백의 자리	십의 자리	일의 자리
☐	2	☐	1	☐

04 보기 와 같이 각 자리의 숫자가 나타내는 값의 합으로 나타내어 보시오.

> 보기
>
> $45209 = 40000 + 5000 + 200 + 9$

83460 = _____

05 백만의 자리 숫자가 <u>다른</u> 수는 어느 것입니까?
.... ( )

① 3915724 ② 7358041

③ 83140526 ④ 13265908

⑤ 43901973

06 각 자리의 숫자 5는 어느 자리 숫자이고, 얼마를 나타내는지 쓰시오.

수	자리	나타내는 값
15306724	백만의 자리	
27501983		
54026391		

07 보기 와 같이 나타내어 보시오.

> 보기
>
> 302768040159
> → 3027억 6804만 159
> → 삼천이십칠억 육천팔백사만 백오십구

940312792068

→ _____

→ _____

08 각 자리의 숫자 9가 나타내는 값이 가장 큰 수를 찾아 기호를 쓰시오.

> ㉠ 490253100867   ㉡ 739120346051
> ㉢ 501934081230   ㉣ 920814503076

( )

09 다음을 수로 나타내고 읽어 보시오.

> 조가 304개, 억이 152개, 만이 8000개인 수

쓰기 ( )
읽기 ( )

10 구천육백삼조를 조건에 맞게 고쳐서 수로 나타내어 보시오.

> ╲조건╱
> • 천조의 자리 숫자는 3만큼 더 작습니다.
> • 백조의 자리 숫자는 2만큼 더 작습니다.
> • 십조의 자리 숫자는 5만큼 더 큽니다.

( )

11 5억씩 뛰어 세었을 때 ㉠을 구하시오.

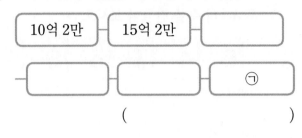

( )

12 4210만에서 10만씩 커지게 6번 뛰어 센 수를 구하시오.

( )

13 큰 수부터 차례로 기호를 쓰시오.

> ㉠ 387652900
> ㉡ 2910041053
> ㉢ 42813029

( )

14 0부터 9까지의 숫자 중에서 ☐ 안에 들어갈 수 있는 숫자를 모두 쓰시오.

> 72☐4153 > 7256298

( )

15 숫자 카드를 모두 한 번씩만 사용하여 가장 작은 6자리 수를 만들어 보시오.

6 4 3 5 8 1

(   )

16 46000000원을 100만 원짜리 수표로 찾는다면 몇 장까지 찾을 수 있습니까?

(   )

17 숫자 카드를 모두 한 번씩만 사용하여 가장 작은 6자리 수를 만들어 보시오.

9 0 4 7 6 2

(   )

18 98200000원을 100만 원짜리 수표로 찾는다면 몇 장까지 찾을 수 있습니까?

(   )

서술형
19 다음을 수로 나타내었을 때 숫자 0은 모두 몇 개인지 풀이 과정을 쓰고 답을 구하시오.

7조 652억 83만

풀이 _____

_____

_____

_____

답 _____

서술형
20 ㉠과 ㉡ 중 더 큰 수를 찾아 기호를 쓰려고 합니다. 풀이 과정을 쓰고 답을 구하시오.

㉠ 3769050218
㉡ 삼십육억 구천칠백만

풀이 _____

_____

_____

_____

답 _____

QR 코드를 찍어 **단원평가** 를 풀어 보세요.

2

각도

2. 각도
핵심 개념
단계

개념에 대한 **자세한 동영상 강의**를 시청하세요.

개념 ① 각도, 예각, 둔각 알아보기

- 각의 크기를 각도라고 합니다.
- 직각을 똑같이 90으로 나눈 것 중 하나를 1도라 하고, 1°라고 씁니다.

0°<예각<90°	직각=90°	90°<둔각<180°
예각	직각	둔각

핵심 직각보다 작은지, 큰지

각도가 0°보다 크고 직각보다 작은 각을
❶ ☐ ☐ (이)라고 합니다.

각도가 직각보다 크고 180°보다 작은 각을
❷ ☐ ☐ (이)라고 합니다.

[전에 배운 내용]

- 한 점에서 그은 두 반직선으로 이루어진 도형을 각이라고 합니다.

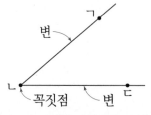

각 읽기	각의 꼭짓점	변 읽기
각 ㄱㄴㄷ 또는 각 ㄷㄴㄱ	점 ㄴ	변 ㄴㄱ, 변 ㄴㄷ

[앞으로 배울 내용]

- 세 각이 모두 예각인 삼각형을 예각삼각형이라고 합니다.
- 한 각이 둔각인 삼각형을 둔각삼각형이라고 합니다.

개념 ② 각도의 합과 차 구하기

- 각도의 합 구하기

```
  5 5          5 5
+ 3 6    →   + 3 6
─────        ─────
  9 1          9 1°
```

- 각도의 차 구하기

```
  5 5          5 5
- 3 6    →   - 3 6
─────        ─────
  1 9          1 9°
```

핵심 자연수의 덧셈, 뺄셈과 같은 방법으로 계산한 후 °를 붙이기

삼각형의 세 각의 크기의 합: ❸ ☐ °

사각형의 네 각의 크기의 합: ❹ ☐ °

[전에 배운 내용]

- 같은 자리 수끼리의 합이 10이거나 10보다 큰 경우에는 받아올림을 해야 합니다.

```
  5 5          5 5          1
+ 3 6    →   + 3 6    →   5 5
─────        ─────       + 3 6
               1          ─────
                            9 1
```

- 같은 자리 수끼리 뺄 수 없는 경우에는 받아내림을 해야 합니다.

```
  5 5         4 10         4 10
- 3 6    →    5 5     →    5 5
─────       - 3 6        - 3 6
              9          ─────
                           1 9
```

정답 ❶ 예각 ❷ 둔각 ❸ 180 ❹ 360

기초 문제

체크

1-1 알맞은 각도에 ◯표 하시오.

(1)

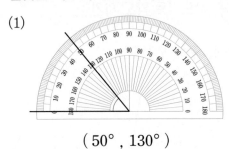

(50° , 130°)

(2)

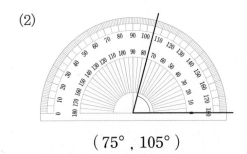

(75° , 105°)

1-2 각을 보고 알맞은 말에 ◯표 하시오.

(1)

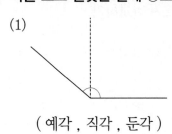

(예각 , 직각 , 둔각)

(2)

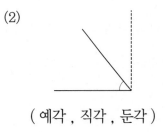

(예각 , 직각 , 둔각)

체크

2-1 각도의 합을 구하시오.

(1) $20° + 40° = \boxed{}°$

(2) $35° + 50° = \boxed{}°$

(3) $85° + 30° = \boxed{}°$

(4) $45° + 75° = \boxed{}°$

(5) $30° + 110° = \boxed{}°$

(6) $120° + 55° = \boxed{}°$

2-2 각도의 차를 구하시오.

(1) $50° - 30° = \boxed{}°$

(2) $65° - 25° = \boxed{}°$

(3) $100° - 40° = \boxed{}°$

(4) $130° - 65° = \boxed{}°$

(5) $155° - 80° = \boxed{}°$

(6) $170° - 115° = \boxed{}°$

2단계

2. 각도
기본유형

핵심 내용 ▶ 각의 두 변이 많이 벌어질수록 각의 크기가 큼

유형 01 각의 크기 비교하기

01 더 큰 각에 ○표 하시오.

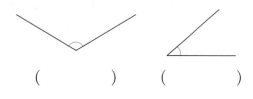

(   )   (   )

익힘책유형
02 각의 크기가 큰 순서대로 기호를 쓰시오.

㉠   ㉡   ㉢

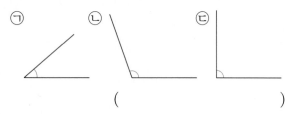

(   )

교과서유형
03 부채의 부챗살이 이루는 각의 크기는 일정합니다. 부챗살을 이용하여 부채가 벌어진 정도를 비교하여 각의 크기가 더 큰 것의 기호를 쓰시오.

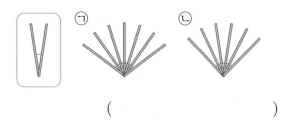

(   )

04 왼쪽 각보다 작은 각을 그려 보시오.

핵심 내용 ▶ 눈금 0을 맞춘 쪽과 같은 쪽의 눈금을 읽음

유형 02 각도기로 각도 재기

05 각도를 구해 보시오.

(1)

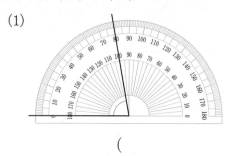

(   )

(2)

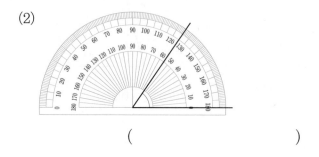

(   )

교과서유형
06 각도기를 이용하여 각도를 재어 보시오.

(1)   (2)

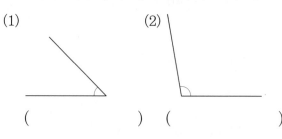

(   )   (   )

익힘책유형
07 각도기를 이용하여 도형의 각도를 재어 보시오.

핵심 내용 각도기의 중심 ➔ 각의 꼭짓점
각도기의 밑금 ➔ 각의 한 변

유형 **03** 각 그리기

08 각도기를 이용하여 각도가 30°인 각 ㄱㄴㄷ을 그리려고 합니다. 점 ㄱ을 어느 곳에 찍어야 합니까? ……………………………… ( )

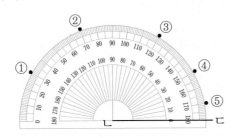

교과서유형
09 각도기와 자를 이용하여 주어진 각도의 각을 그려 보시오.

(1)
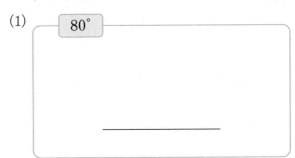
80°

(2)
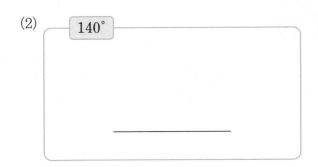
140°

이힘책유형
10 교통안전 표지판에 주어진 각과 각도가 같은 각을 그려 보시오.

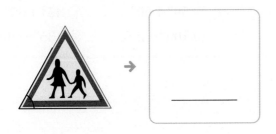

핵심 내용 0°< 예각 < 90°, 90° < 둔각 < 180°

유형 **04** 예각과 둔각 알아보기

11 주어진 각을 예각, 직각, 둔각으로 분류하여 빈 곳에 알맞은 기호를 써넣으시오.

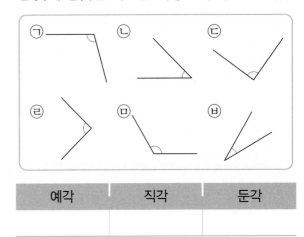

예각	직각	둔각

[12~13] 주어진 선분을 이용하여 예각과 둔각을 각각 그려 보시오.

이힘책유형
12
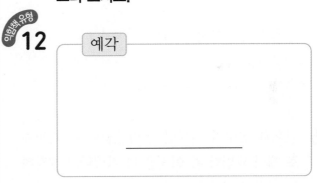
예각

이힘책유형
13
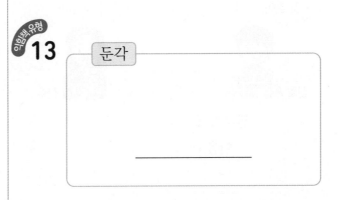
둔각

2

각
도

2단계 **기본 유형**

유형 **05** 각도 어림하기

[14~15] 각도를 어림하고, 각도기로 재어 확인하시오.

14

어림한 각도 약 (   )

잰 각도 (   )

15

어림한 각도 약 (   )

잰 각도 (   )

16 진호와 진주가 각도를 어림했습니다. 각도기로 재어 확인하고, 어림을 더 잘했다고 생각하는 사람의 이름을 쓰시오.

30°쯤 되는 것 같아.

45°쯤 되는 것 같아.

진호   진주

잰 각도 (   )

이름 (   )

유형 **06** 각도의 합과 차 구하기

17 각도의 합과 차를 구하시오.

(1) $95° + 45°$

(2) $155° + 30°$

(3) $100° - 25°$

(4) $135° - 25°$

[18~19] ㉠의 각도를 구하시오.

18

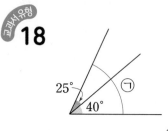

25°
40°
㉠

(   )

19

90°
145°
㉠

(   )

20 각도가 큰 순서대로 기호를 쓰시오.

㉠ $50° + 60°$	㉡ $45° + 55°$
㉢ $100° - 20°$	㉣ $135° - 20°$

(   )

→ 핵심 내용 → 삼각형의 세 각의 크기의 합은 180°

유형 07 삼각형의 세 각의 크기의 합

21 삼각형의 세 각의 크기의 합을 구하려고 합니다. 물음에 답하시오.

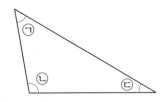

(1) 각도기를 이용하여 삼각형의 세 각의 크기를 각각 재어 보시오.

	㉠	㉡	㉢
각도	50°		

(2) 삼각형의 세 각의 크기의 합은 몇 도입니까?

(   )

익힘책 유형
22 □ 안에 알맞은 각도를 써넣으시오.

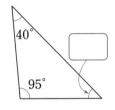

익힘책 유형
23 ㉠과 ㉡의 각도의 합을 구하시오.

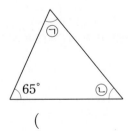

(   )

→ 핵심 내용 → 사각형의 네 각의 크기의 합은 360°

유형 08 사각형의 네 각의 크기의 합

24 사각형의 네 각의 크기의 합을 구하려고 합니다. 물음에 답하시오.

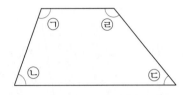

(1) 각도기를 이용하여 사각형의 네 각의 크기를 각각 재어 보시오.

	㉠	㉡	㉢	㉣
각도	110°			

(2) 사각형의 네 각의 크기의 합은 몇 도입니까?

(   )

익힘책 유형
25 □ 안에 알맞은 각도를 써넣으시오.

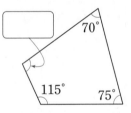

익힘책 유형
26 ㉠과 ㉡의 각도의 합을 구하시오.

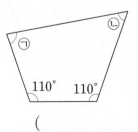

(   )

2

각도

2단계 기본유형

동영상 특강

잘 틀리는 유형 09 이름이 있는 각의 각도 구하기

27 각 ㄱㄴㄹ과 각 ㄹㄴㄷ의 각도를 각각 구해 보시오.

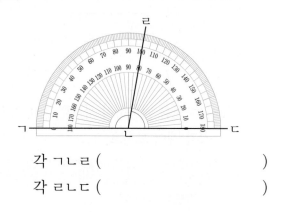

각 ㄱㄴㄹ (   )

각 ㄹㄴㄷ (   )

28 각 ㄱㄴㄷ의 각도를 구해 보시오.

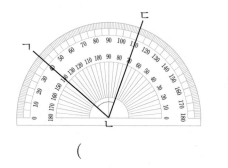

(   )

합성유형 29 각 ㄴㅇㄷ의 각도를 구해 보시오.

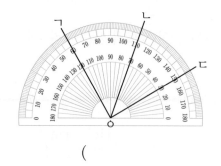

(   )

KEY 각의 두 변이 가리키는 곳을 정확하게 보아야 해요.

잘 틀리는 유형 10 나머지 한 각의 크기 구하기

30 삼각형의 두 각의 크기를 나타낸 것입니다. 이 삼각형의 나머지 한 각의 크기를 구하시오.

> 20°, 60°

(   )

31 어떤 삼각형의 두 각의 크기는 각각 90°, 35°입니다. 이 삼각형의 나머지 한 각의 크기를 구하시오.

(   )

합성유형 32 어떤 사각형의 세 각의 크기는 각각 50°, 60°, 120°입니다. 이 사각형의 나머지 한 각의 크기를 구하시오.

(   )

KEY 사각형의 네 각의 크기의 합은 360°예요.

공부한 날   월   일

서술형 유형

1-1

각도가 더 큰 것의 기호를 쓰려고 합니다. 풀이 과정을 완성하고 답을 구하시오.

> ㉠ $140° - 25°$ ㉡ $35° + 35°$

풀이 ㉠ $140° - 25° = $ ⬚°

㉡ $35° + 35° = $ ⬚°

→ ⬚° > ⬚° 이므로

㉠ ◯ ㉡입니다.

답 ⬚

1-2

각도가 더 작은 것의 기호를 쓰려고 합니다. 풀이 과정을 쓰고 답을 구하시오.

> ㉠ $45° + 30°$ ㉡ $145° - 60°$

풀이

답 _____

2-1

가장 큰 각도와 가장 작은 각도의 합은 몇 도인지 풀이 과정을 완성하고 답을 구하시오.

> $50°$, $75°$, $115°$

풀이 ⬚° > ⬚° > ⬚° 이므로

가장 큰 각도: ⬚°

가장 작은 각도: ⬚°

→ ⬚° + ⬚° = ⬚°

답 ⬚°

2-2

가장 큰 각도와 가장 작은 각도의 차는 몇 도인지 풀이 과정을 쓰고 답을 구하시오.

> $90°$, $100°$, $65°$

풀이

답 _____

점수

01 더 큰 각에 ○표 하시오.

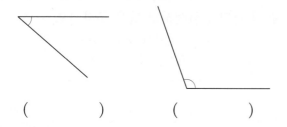

( ) ( )

02 각의 크기가 큰 순서대로 기호를 쓰시오.

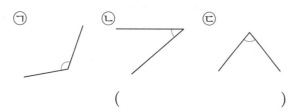

( )

03 각도를 구해 보시오.

(1)

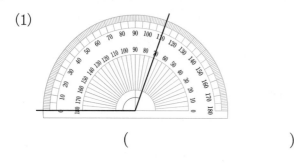

( )

(2)

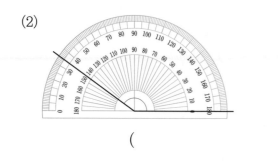

( )

04 각도기를 이용하여 각도를 재어 보시오.

(1) (2)

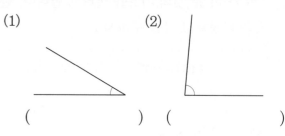

( ) ( )

05 각도기를 이용하여 도형의 각도를 재어 보시오.

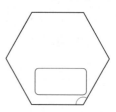

06 각도기를 이용하여 각도가 170°인 각 ㄱㄴㄷ을 그리려고 합니다. 점 ㄷ을 어느 곳에 찍어야 합니까? ·····························( )

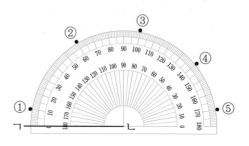

07 각도기와 자를 이용하여 주어진 각도의 각을 그려 보시오.

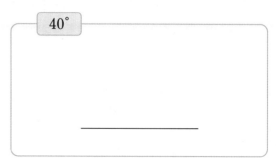

40°

08 주어진 각을 예각, 직각, 둔각으로 분류하여 빈 곳에 알맞은 기호를 써넣으시오.

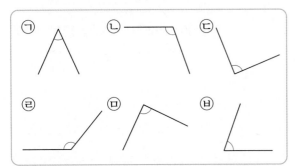

예각	직각	둔각

09 각도의 합과 차를 구하시오.

(1) $65° + 80°$

(2) $140° + 75°$

(3) $90° - 35°$

(4) $175° - 95°$

10 각도가 큰 순서대로 기호를 쓰시오.

㉠ $80° + 70°$	㉡ $65° + 95°$
㉢ $170° - 30°$	㉣ $200° - 45°$

(　　　　　　　　　　　　)

11 ☐ 안에 알맞은 각도를 써넣으시오.

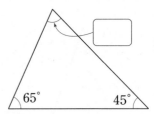

12 ㉠과 ㉡의 각도의 합을 구하시오.

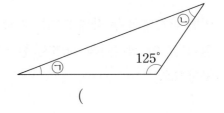

(　　　　　　　　　　　　)

13 ☐ 안에 알맞은 각도를 써넣으시오.

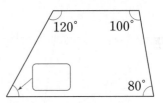

14 ㉠과 ㉡의 각도의 합을 구하시오.

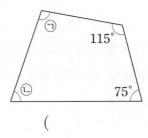

(　　　　　　　　　　　　)

2

각
도

15 각 ㄱㄴㄷ의 각도를 구해 보세요.

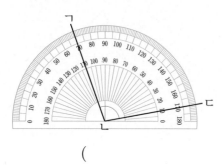

(   )

16 어떤 삼각형의 두 각의 크기는 각각 35°, 100° 입니다. 이 삼각형의 나머지 한 각의 크기를 구하시오.

(   )

17 각 ㄴㅇㄷ의 각도를 구해 보세요.

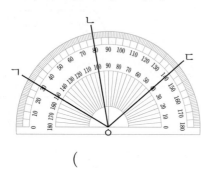

(   )

18 어떤 사각형의 세 각의 크기는 각각 45°, 70°, 135°입니다. 이 사각형의 나머지 한 각의 크기를 구하시오.

(   )

서술형
19 각도가 더 큰 것의 기호를 쓰려고 합니다. 풀이 과정을 쓰고 답을 구하시오.

| ㉠ $60° + 55°$ | ㉡ $175° - 40°$ |

풀이

답

서술형
20 가장 큰 각도와 가장 작은 각도의 합은 몇 도 인지 풀이 과정을 쓰고 답을 구하시오.

| $35°$, $90°$, $120°$ |

풀이

답

QR 코드를 찍어   **단원평가** 를 풀어 보세요.

3

곱셈과 나눗셈

1단계 핵심 개념

개념에 대한 **자세한 동영상 강의를** 시청하세요.

개념 동영상

개념 ❶ (세 자리 수)×(두 자리 수)

```
        2 4 3
    ×     2 5
    1 2 1 5   ← 243×5
  + 4 8 6 0   ← 243×20
    6 0 7 5   ← 1215+4860
```

핵심 일의 자리의 곱, 십의 자리의 곱

(세 자리 수)×(두 자리 수)의 계산 순서는 다음과 같습니다.

① (세 자리 수)×(두 자리 수의 일의 자리 수)를 계산합니다.

② (세 자리 수)×(두 자리 수의 ❶[ ]의 자리 수)를 계산합니다.

③ ①과 ②에서 계산한 값을 ❷(더합니다 , 뺍니다).

[전에 배운 내용]

```
      1
    4 3
  ×   5
  2 1 5
```
$3 \times 5 = \text{①}5$
$4 \times 5 = 20,$
$20 + \text{①} = 21$

```
      4 3
  ×   2 5
    2 1 5   ← 43×5
  + 8 6 0   ← 43×20
  1 0 7 5
```

```
    2 1
    2 4 3
  ×     5
  1 2 1 5   ← 3×5=①5
```
$4 \times 5 = 20, 20 + \text{①} = 21$
$2 \times 5 = 10, 10 + 2 = 12$

개념 ❷ (세 자리 수)÷(두 자리 수)

```
          2 5
    2 8 ) 7 1 3
        - 5 6 0   ← 28×20
          1 5 3
        - 1 4 0   ← 28×5
            1 3
```

(확인) 28×25=700, 700+13=713

핵심 나머지가 나누는 수보다 작도록 몫을 어림

• 나누는 수와 어림한 몫의 곱이 나누어지는 수보다 크면 몫을 더 ❸(크게 , 작게) 어림합니다.

• 나머지가 나누는 수보다 크면 몫을 더 ❹(크게 , 작게) 어림합니다.

[전에 배운 내용]

```
        3 5
    2 ) 7 1
      - 6       ← 2×3
        1 1
      - 1 0     ← 2×5
          1
```

```
        3 5 6
    2 ) 7 1 3
      - 6       ← 2×3
        1 1
      - 1 0     ← 2×5
          1 3
        - 1 2   ← 2×6
            1
```

[앞으로 배울 내용]

• 분수의 곱셈, 소수의 곱셈
• 분수의 나눗셈, 소수의 나눗셈

1-1 계산을 하시오.

(1)
```
  2 1 6
×   5 0
```

(2)
```
  7 2 5
×   7 0
```

(3)
```
  3 1 5
×   2 1
```

(4)
```
  5 2 4
×   3 2
```

(5)
```
  2 0 9
×   4 6
```

(6)
```
  3 4 5
×   3 5
```

1-2 계산을 하시오.

(1) $169 \times 50 =$ ☐

(2) $357 \times 20 =$ ☐

(3) $312 \times 24 =$ ☐

(4) $437 \times 21 =$ ☐

(5) $208 \times 43 =$ ☐

(6) $179 \times 62 =$ ☐

2-1 계산을 하시오.

(1)
```
30)1 2 0
```

(2)
```
29)8 7
```

(3)
```
36)7 9
```

(4)
```
43)2 0 7
```

(5)
```
34)7 8 2
```

(6)
```
24)4 3 7
```

2-2 계산을 하시오.

(1) $568 \div 80 =$ ☐ … ☐

(2) $94 \div 47 =$ ☐

(3) $66 \div 16 =$ ☐ … ☐

(4) $394 \div 77 =$ ☐ … ☐

(5) $994 \div 71 =$ ☐

(6) $886 \div 38 =$ ☐ … ☐

3

곱셈과 나눗셈

2단계 **3. 곱셈과 나눗셈**
기본 유형

▶ 핵심 내용 ▶ (세 자리 수)×(몇)을 계산한 후
0을 1개 붙이기

▶ 핵심 내용 ▶ 곱하는 수를 일의 자리와 십의 자리로
나누어 각각 계산한 값을 더하기

유형 01 (세 자리 수)×(몇십)

유형 02 (세 자리 수)×(두 자리 수)

01 계산을 하시오.

(1) 3 5 5
  × 4 0

(2) 2 7 6
  × 8 0

05 계산을 하시오.

(1) 1 7 2
  × 5 4

(2) 2 2 6
  × 3 7

02 ☐ 안에 알맞은 수를 써넣으시오.

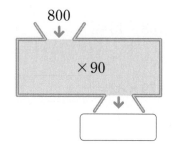

800

×90

06 빈 곳에 알맞은 수를 써넣으시오.

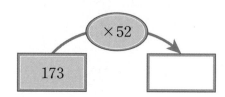

×52

173

03 두 수의 곱을 구하시오.

| 273 | 50 |

( )

07 빈 곳에 두 수의 곱을 써넣으시오.

482	15

04 계산 결과를 찾아 선으로 이어 보시오.

426×40 •

• 23100

• 11480

385×60 •

• 17040

08 빈 곳에 알맞은 수를 써넣으시오.

×

169	22	
647	83	

09 가장 큰 수와 가장 작은 수의 곱을 구하시오.

148	53	184

( )

10 잘못 계산한 곳을 찾아 ○표 한 후 바르게 고쳐 보시오.

```
    4 0 6
  ×   3 5
  ─────────
  2 0 3 0
  1 2 1 8
  ─────────
  3 2 4 8
```
→
```
    4 0 6
  ×   3 5
```

11 곱이 더 큰 것에 ○표 하시오.

```
    6 0 0
  ×   3 0
```
( )

```
    5 2 8
  ×   3 4
```
( )

12 길이가 650 cm인 색 테이프가 14장 있습니다. 색 테이프의 길이는 모두 몇 cm입니까?

( )

→ 핵심 내용 나누는 수와 몫의 곱이 나누어지는 수보다 크지 않으면서 나누어지는 수에 가장 가깝도록 몫 어림하기

유형 **03** (세 자리 수)÷(몇십)

13 계산을 하시오.

(1)
```
80) 7 2 0
```

(2)
```
70) 5 9 3
```

14 나누어떨어지는 식에 ○표 하시오.

450÷50	450÷60

( ) ( )

15 345÷80을 다음과 같이 어림하여 계산했습니다. 잘못 계산한 곳을 찾아 이유를 완성하고 바르게 고쳐 보시오.

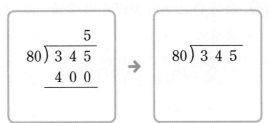

이유 80×5＝400이 되어 [ ]보다 크므로

345÷80의 몫은 5보다 (커야 , 작아야)

합니다.

16 다음 나눗셈 중 나머지가 다른 것은 어느 것입니까? ……………………………… ( )

① 504÷70 ② 184÷20

③ 434÷60 ④ 294÷40

⑤ 284÷90

3

곱셈과 나눗셈

2 단계 **기본 유형**

유형 **04** (두 자리 수)÷(두 자리 수)

17 계산을 하시오.

(1)

$25 \overline{)7\ 5}$

(2)

$35 \overline{)8\ 4}$

18 계산을 하고, 계산 결과가 맞는지 확인해 보시오.

$$93 \div 24 = \boxed{} \cdots \boxed{}$$

확인 _____

19 몫이 큰 것부터 차례로 빈 곳에 1, 2, 3을 써넣으시오.

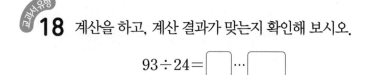

$96 \div 16$	$70 \div 35$	$51 \div 17$

20 ▢ 안에 몫을 쓰고 ○ 안에 나머지를 써넣으시오.

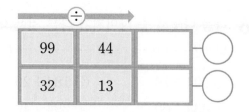

유형 **05** 몫이 한 자리 수인 (세 자리 수)÷(두 자리 수)

21 계산을 하시오.

(1)

$61 \overline{)4\ 2\ 7}$

(2)

$25 \overline{)1\ 5\ 3}$

22 다음 나눗셈의 나머지가 될 수 있는 수를 모두 고르시오. ·················· (   )

$$\boxed{} \div 45$$

① 20   ② 35   ③ 40

④ 45   ⑤ 50

23 큰 수를 작은 수로 나눈 몫과 나머지를 구하시오.

407	53

몫 (   )

나머지 (   )

24 나눗셈의 몫을 찾아 선으로 이어 보시오.

$441 \div 63$ •   • 6

$108 \div 18$ •   • 7

핵심 내용 나누어지는 수의 왼쪽 두 자리 수가
나누는 수보다 크거나 같으면 몫이 두 자리 수

유형 06 몫이 두 자리 수인 (세 자리 수)÷(두 자리 수)

25 계산을 하시오.

(1)
$$21 \overline{) 5\ 4\ 6}$$

(2)
$$24 \overline{) 3\ 1\ 6}$$

교과서유형
26 ☐ 안에 알맞은 식의 번호를 써넣으시오.

$$\begin{array}{r} 3\ 4 \\ 17 \overline{) 5\ 7\ 8} \\ 5\ 1\ 0 \leftarrow ☐ \\ \hline 6\ 8 \leftarrow ☐ \\ 6\ 8 \leftarrow ☐ \\ \hline 0 \end{array}$$

① 17×40
② 578−510
③ 17×4
④ 17×30

27 몫이 더 큰 것에 ◯표 하시오.

384÷24	588÷42

(   )   (   )

28 잘못 계산한 곳을 찾아 바르게 고쳐 보시오.

$$\begin{array}{r} 1\ 1 \\ 18 \overline{) 2\ 1\ 8} \\ 1\ 8 \\ \hline 3\ 8 \\ 1\ 8 \\ \hline 2\ 0 \end{array}$$
→
$$18 \overline{) 2\ 1\ 8}$$

29 나눗셈의 나머지를 찾아 선으로 이어 보시오.

| 409÷13 | • |
| 547÷16 | • |

• 5

• 6

• 3

30 민서는 270÷18을 다음과 같이 계산하였습니다. 다시 계산하지 않고 바르게 몫을 구하는 방법을 완성하시오.

$$\begin{array}{r} 1\ 2 \\ 18 \overline{) 2\ 7\ 0} \\ 1\ 8 \\ \hline 9\ 0 \\ 3\ 6 \\ \hline 5\ 4 \end{array}$$

나머지 54가 18보다 크므로 더 나눌 수 있습니다.

54÷18=☐이기 때문에 270÷18의 몫은

12+☐=☐입니다.

익힘책 유형
31 사탕 884개를 한 봉지에 35개씩 나누어 담으려고 합니다. 사탕을 몇 봉지까지 담을 수 있고, 남는 사탕은 몇 개입니까?

사탕을 ☐봉지까지 담을 수 있고,

남는 사탕은 ☐개입니다.

3

곱셈과 나눗셈

2단계 기본유형

핵심 내용 ▶ ■▲●÷★♥에서 ■▲가 ★♥보다 작으면 몫이 한 자리 수이고, ■▲가 ★♥보다 크거나 같으면 몫이 두 자리 수

잘 틀리는 유형 07 나눗셈의 몫의 자리 수

32 나눗셈의 몫이 한 자리 수인 것은 어느 것입니까?·····(   )

① $249 \div 24$ ② $600 \div 58$

③ $188 \div 30$ ④ $283 \div 17$

⑤ $875 \div 78$

33 나눗셈의 몫이 두 자리 수인 것을 모두 찾아 ○표 하시오.

$127 \div 14$	$483 \div 40$
$249 \div 28$	$800 \div 63$

함정유형 34 나눗셈의 몫이 두 자리 수인 것을 모두 찾아 기호를 쓰시오.

㉠ $648 \div 15$	㉡ $197 \div 20$
㉢ $336 \div 33$	㉣ $482 \div 50$

(   )

KEY 나누어지는 수의 왼쪽 두 자리 수가 나누는 수보다 큰 경우 뿐만 아니라 나누는 수와 같은 경우에도 몫이 두 자리 수예요.

잘 틀리는 유형 08 수 카드로 곱셈식 만들기

35 수 카드 5장을 한 번씩만 사용하여 가장 작은 세 자리 수와 가장 큰 두 자리 수를 만들고, 만든 두 수로 곱셈식을 만들어 계산해 보시오.

곱셈식 □ × □ = □
세 자리 수   두 자리 수

36 수 카드 5장을 한 번씩만 사용하여 가장 큰 세 자리 수와 가장 작은 두 자리 수를 만들고, 만든 두 수로 곱셈식을 만들어 계산해 보시오.

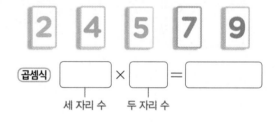

곱셈식 □ × □ = □
세 자리 수   두 자리 수

함정유형 37 수 카드 5장을 한 번씩만 사용하여 가장 큰 세 자리 수와 가장 작은 두 자리 수를 만들고, 만든 두 수로 곱셈식을 만들어 계산해 보시오.

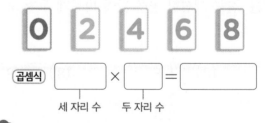

곱셈식 □ × □ = □
세 자리 수   두 자리 수

KEY 0은 맨 앞에 올 수 없으므로 가장 작은 두 자리 수를 02로 생각하지 않도록 주의해요.

서술형 유형

1-1

●에 알맞은 수를 구하는 풀이 과정을 완성하고 답을 구하시오.

$$● \div 23 = 17 \cdots 9$$

풀이 계산 결과가 맞는지 확인하는 방법을 이용하면

$23 \times 17 = \boxed{}$, $\boxed{} + 9 = \boxed{}$

이므로 ●에 알맞은 수는 $\boxed{}$ 입니다.

답 $\boxed{}$

1-2

◆에 알맞은 수를 구하는 풀이 과정을 쓰고 답을 구하시오.

$$◆ \div 72 = 13 \cdots 5$$

풀이

답 _____

2-1

어느 문구점에서는 지우개 1개를 480원에 사 와서 600원에 판매를 합니다. 이 문구점에서 지우개 50개를 팔면 얼마의 이익이 남는지 풀이 과정을 완성하고 답을 구하시오.

풀이 지우개 1개를 팔았을 때의 이익은

$600 - \boxed{} = \boxed{}$ (원)입니다.

따라서 지우개 50개를 팔면

$\boxed{} \times 50 = \boxed{}$ (원)의

이익이 남습니다.

답 $\boxed{}$ 원

2-2

어느 문구점에서는 도화지 1장을 130원에 사 와서 280원에 판매를 합니다. 이 문구점에서 도화지 35장을 팔면 얼마의 이익이 남는지 풀이 과정을 쓰고 답을 구하시오.

풀이

답 _____

01 두 수의 곱을 구하시오.

| 352 | 40 |

(   )

02 계산 결과를 찾아 선으로 이어 보시오.

536 × 20 •

284 × 70 •

• 19880

• 10720

• 15680

03 빈 곳에 알맞은 수를 써넣으시오.

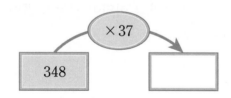

×37

348

04 가장 큰 수와 가장 작은 수의 곱을 구하시오.

| 593 | 46 | 782 |

(   )

05 잘못 계산한 곳을 찾아 ○표 한 후 바르게 고쳐 보시오.

```
    5 6 4
  ×   2 8
  4 5 1 2
  1 1 2 8
  5 6 4 0
```
→
```
    5 6 4
  ×   2 8


```

06 254÷30을 다음과 같이 어림하여 계산했습니다. 잘못 계산한 곳을 찾아 이유를 완성하고 바르게 고쳐 보시오.

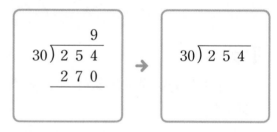

```
        9
  30) 2 5 4
      2 7 0
```
→
```
  30) 2 5 4

```

이유 30×9＝270이 되어 [   ]보다 크므로 254÷30의 몫은 9보다 (커야 , 작아야) 합니다.

07 다음 나눗셈 중 나머지가 다른 것은 어느 것입니까? ……………………………… (   )

① 255÷40   ② 195÷20

③ 335÷80   ④ 295÷30

⑤ 315÷50

08 계산을 하고, 계산 결과가 맞는지 확인해 보시오.

$$86 \div 25 = \boxed{} \cdots \boxed{}$$

확인 _____

09 몫이 큰 것부터 차례로 빈 곳에 1, 2, 3을 써넣으시오.

$88 \div 22$	$81 \div 27$	$70 \div 14$

10 다음 나눗셈의 나머지가 될 수 있는 수를 모두 고르시오. ·················· (   )

$$\boxed{} \div 34$$

① 40   ② 35   ③ 34

④ 30   ⑤ 25

11 나눗셈의 몫을 찾아 선으로 이어 보시오.

$333 \div 37$ ·   · 7

$336 \div 48$ ·   · 9

12 ☐ 안에 알맞은 식의 번호를 써넣으시오.

```
        2 1
  26 ) 5 4 8
        5 2 0  ← ☐
          2 8  ← ☐
          2 6  ← ☐
            2
```

① $548 - 520$

② 26×10

③ 26×20

④ 26×1

13 나눗셈의 나머지를 찾아 선으로 이어 보시오.

$555 \div 24$ ·   · 3

$603 \div 27$ ·   · 6

·   · 9

14 초콜릿 680개를 한 봉지에 42개씩 나누어 담으려고 합니다. 초콜릿을 몇 봉지까지 담을 수 있고, 남는 초콜릿은 몇 개입니까?

초콜릿을 $\boxed{}$ 봉지까지 담을 수 있고,

남는 초콜릿은 $\boxed{}$ 개입니다.

3

곱셈과 나눗셈

15 나눗셈의 몫이 한 자리 수인 것을 모두 찾아 ○표 하시오.

$264 \div 33$	$417 \div 23$
$348 \div 55$	$679 \div 27$

16 수 카드 5장을 한 번씩만 사용하여 가장 작은 세 자리 수와 가장 큰 두 자리 수를 만들고, 만든 두 수로 곱셈식을 만들어 계산해 보시오.

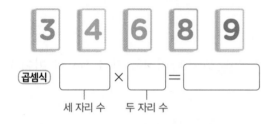

곱셈식 [　　] × [　　] = [　　　　]
　　　세 자리 수　두 자리 수

17 나눗셈의 몫이 두 자리 수인 것을 모두 찾아 기호를 쓰시오.

㉠ $293 \div 30$	㉡ $458 \div 45$
㉢ $186 \div 17$	㉣ $702 \div 83$

(　　　　　　　　)

18 수 카드 5장을 한 번씩만 사용하여 가장 큰 세 자리 수와 가장 작은 두 자리 수를 만들고, 만든 두 수로 곱셈식을 만들어 계산해 보시오.

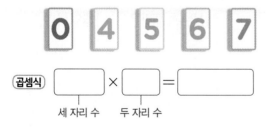

곱셈식 [　　] × [　　] = [　　　　]
　　　세 자리 수　두 자리 수

서술형
19 □ 안에 알맞은 수를 구하는 풀이 과정을 쓰고 답을 구하시오.

[　　] ÷ 19 = 37 … 15

풀이

답

서술형
20 어느 문구점에서는 색종이 1묶음을 350원에 사 와서 600원에 판매를 합니다. 이 문구점에서 색종이 40묶음을 팔면 얼마의 이익이 남는지 풀이 과정을 쓰고 답을 구하시오.

풀이

답

QR 코드를 찍어 　단원평가　를 풀어 보세요.

4

평면도형의 이동

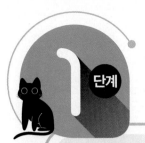

1단계

핵심 개념

개념에 대한 **자세한 동영상 강의**를 시청하세요.

개념 동영상

개념 ❶ 평면도형 밀기, 뒤집기

- **밀기**: 모양은 그대로이고 위치만 변합니다.
- **뒤집기**

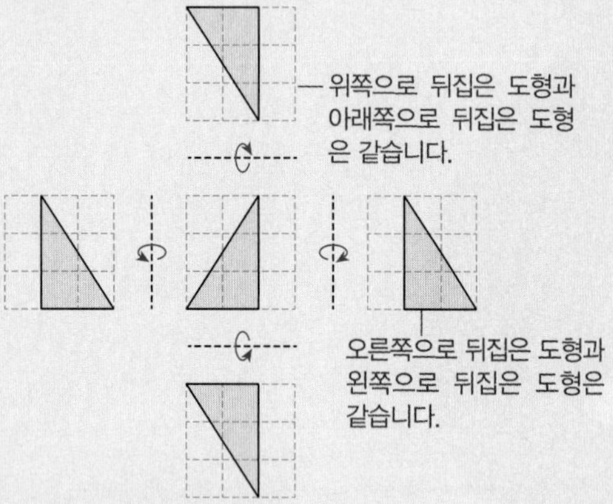

위쪽으로 뒤집은 도형과 아래쪽으로 뒤집은 도형은 같습니다.
오른쪽으로 뒤집은 도형과 왼쪽으로 뒤집은 도형은 같습니다.

핵심 민 방향, 뒤집은 방향

도형을 오른쪽이나 왼쪽으로 뒤집으면

도형의 오른쪽과 ❶ [ ]쪽이 서로 바뀝니다.

[전에 배운 내용]

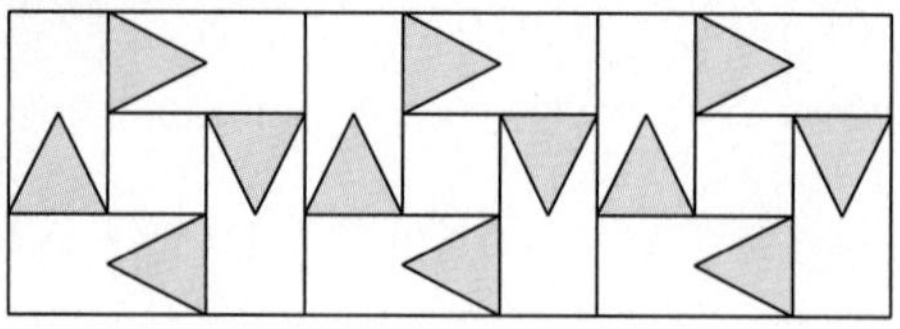

→ 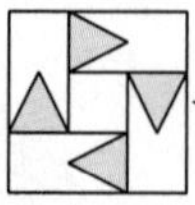를 반복하여 놓은 모양입니다.

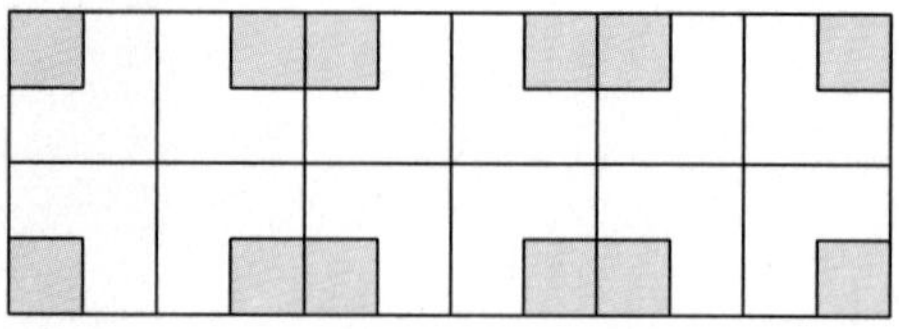

→ 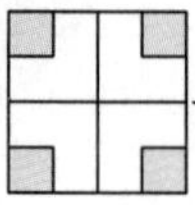를 반복하여 놓은 모양입니다.

개념 ❷ 평면도형 돌리기

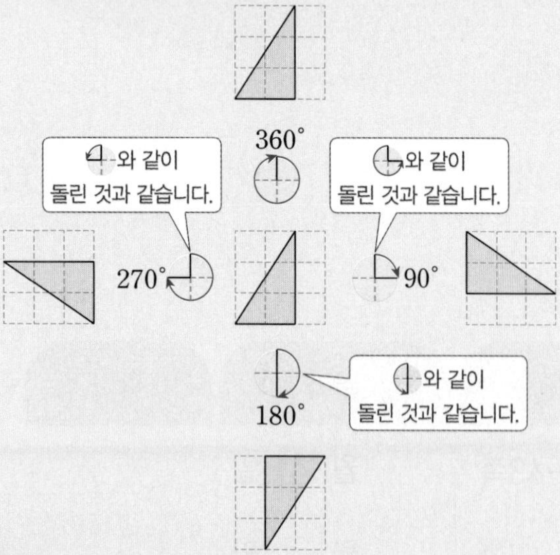

360°
와 같이 돌린 것과 같습니다.
와 같이 돌린 것과 같습니다.
270°
90°
180°
와 같이 돌린 것과 같습니다.

핵심 돌린 방향, 각도

도형을 시계 방향으로 90°만큼 돌리면

도형의 위쪽이 ❷ [ ][ ]쪽으로 이동합니다.

[전에 배운 내용]

- 여러 가지 각도

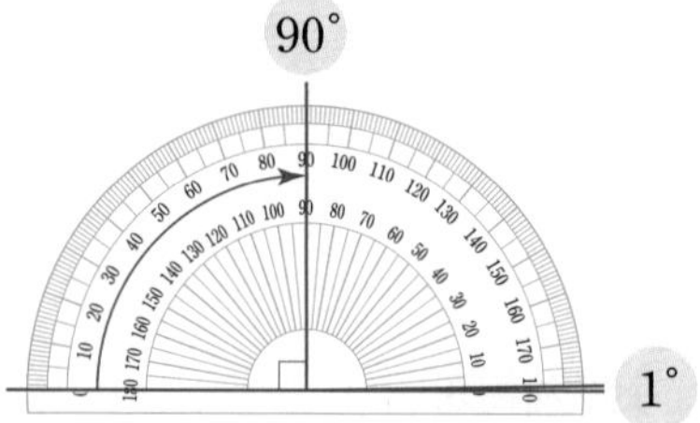

90°
1°

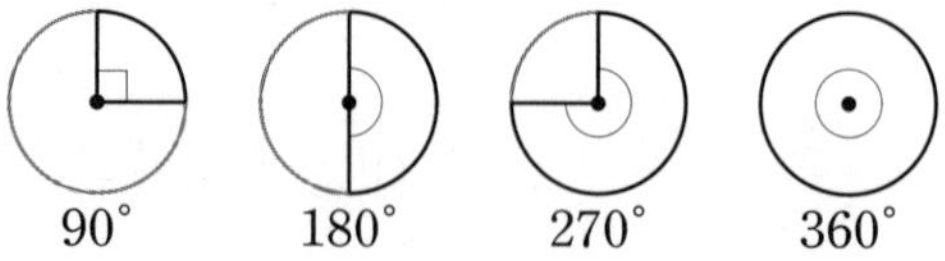

90°
180°
270°
360°

[앞으로 배울 내용]

- 합동: 밀기, 뒤집기, 돌리기 하였을 때 완전히 겹치는 두 도형을 서로 합동이라고 합니다.

정답 ❶ 왼 ❷ 오른

QR 코드를 찍어 보세요.
새로운 문제를 계속 풀 수 있어요.

체크

1-1 삼각형을 여러 방향으로 뒤집었을 때의 도형을 그려 보시오.

(1)

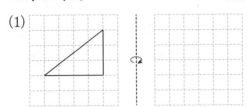

(2)   (3)

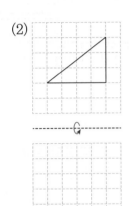

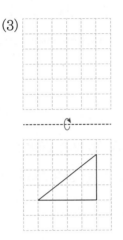

1-2 사각형을 여러 방향으로 뒤집었을 때의 도형을 그려 보시오.

(1)

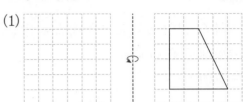

(2)   (3)

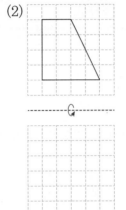

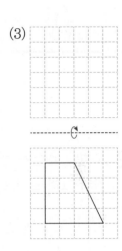

체크

2-1 삼각형을 여러 방향으로 돌렸을 때의 도형을 그려 보시오.

(1)

(2)

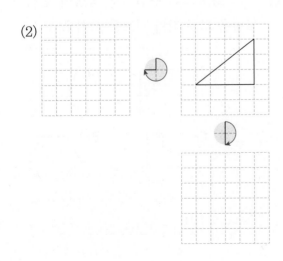

2-2 사각형을 여러 방향으로 돌렸을 때의 도형을 그려 보시오.

(1)

(2)

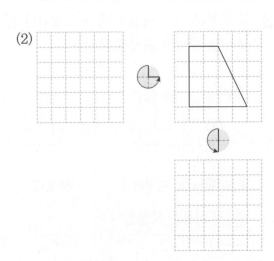

→ **핵심 내용** 도형을 밀면 모양은 변하지 않지만
위치는 변함

유형 01 평면도형 밀기

유형 02 평면도형 뒤집기

01 보기 의 모양 조각을 오른쪽으로 밀었을 때의
모양에 ◯표 하시오.

(   ) (   )

04 다음을 보고 도형을 뒤집은 방향을 쓰시오.

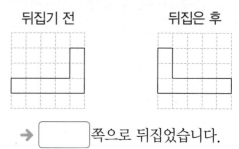

뒤집기 전   뒤집은 후

→ [   ] 쪽으로 뒤집었습니다.

02 도형을 주어진 방향으로 밀었을 때의 도형을
각각 그려 보시오.

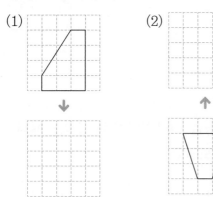

(1)   (2)

05 도형을 왼쪽과 위쪽으로 뒤집었을 때의 도형
을 각각 그려 보시오.

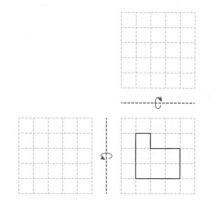

교과서유형

03 ㉮ 도형은 ㉯ 도형을 이동한 도형입니다. 도형
의 이동 방법을 완성해 보시오.

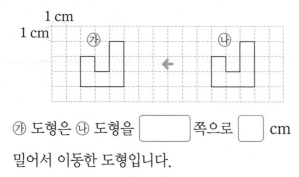

1 cm
1 cm

㉮ 도형은 ㉯ 도형을 [   ] 쪽으로 [   ] cm
밀어서 이동한 도형입니다.

이탐책유형

06 어느 방향으로 뒤집어도 방향이 변하지 않는
도형을 모두 찾아 기호를 쓰시오.

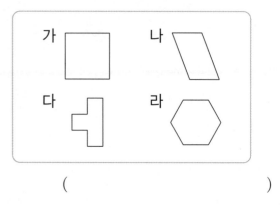

가   나

다   라

(   )

정답 및 풀이 **15쪽**

핵심 내용 ▶ 도형을 돌리는 각도에 따라 도형의 방향이 바뀜

유형 03 평면도형 돌리기

07 오른쪽 모양 조각을 시계 방향으로 90°만큼 돌렸을 때의 모양을 찾아 기호를 쓰시오.

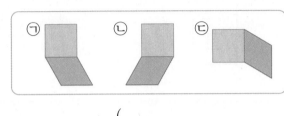

( )

08 도형을 시계 반대 방향으로 90°만큼 돌렸을 때의 도형을 그려 보시오.

09 왼쪽 도형을 돌렸더니 오른쪽 도형이 되었습니다. 어떻게 움직인 것인지 □ 안에 알맞은 각도를 써넣어 완성해 보시오.

돌리기 전   돌린 후

➔ 시계 방향으로 □ 만큼 돌렸습니다.

10 도형을 와 같이 돌린 도형과 □와 같이 돌린 도형은 항상 같습니다. □ 안에 알맞은 것은 어느 것입니까?·············( )

① ② ③

④ ⑤

11 왼쪽 도형을 돌렸더니 오른쪽 도형이 되었습니다. 어떻게 돌렸는지 ? 에 알맞은 것을 고르시오. ·····················( )

   ?

① ② ③

④ ⑤

12 다음 중 오른쪽 도형을 돌려서 나올 수 <u>없는</u> 도형을 찾아 기호를 쓰시오.

가   나   다

( )

4 평면도형의 이동

2단계 **기본유형**

→ 핵심 내용 순서에 따라 도형을 움직임

유형 **04** 평면도형 뒤집고 돌리기

13 도형을 오른쪽으로 뒤집고 시계 방향으로 180°만큼 돌렸을 때의 모양을 알아보려고 합니다. ☐에 알맞은 모양을 보기 에서 찾아 기호를 써넣으시오.

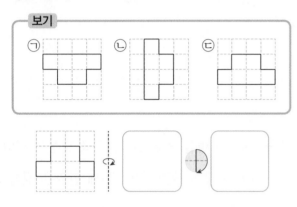

14 모양 조각을 시계 반대 방향으로 180°만큼 돌리고 아래쪽으로 뒤집었습니다. 알맞은 모양을 찾아 ○표 하시오.

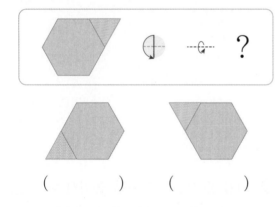

교과서유형
15 도형을 오른쪽으로 뒤집고 시계 방향으로 90°만큼 돌린 도형을 각각 그려 보시오.

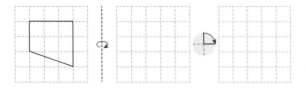

[16~18] 같은 도형을 순서를 달리하여 뒤집기와 돌리기를 하려고 합니다. 물음에 답하시오.

16 도형을 오른쪽으로 뒤집고 시계 반대 방향으로 90°만큼 돌린 도형을 각각 그려 보시오.

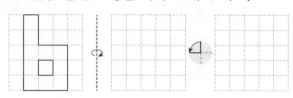

17 도형을 시계 반대 방향으로 90°만큼 돌리고 오른쪽으로 뒤집은 도형을 각각 그려 보시오.

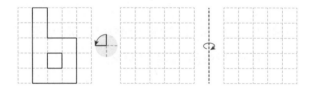

18 위의 **16**번에서 뒤집고 돌린 도형과 **17**번에서 돌리고 뒤집은 도형은 서로 같습니까, 다릅니까?

( )

익힘책유형
19 도형을 왼쪽으로 뒤집고 시계 반대 방향으로 180°만큼 돌린 도형을 그려 보시오.

처음 도형　　　　　움직인 도형

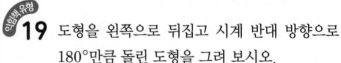

핵심 내용 ▶ 밀기, 뒤집기, 돌리기를 이용하여 무늬를 만듦

유형 **05** 무늬 꾸미기

20 모양으로 뒤집기, 돌리기 중 한 가지 방법을 이용하여 만든 무늬입니다. 알맞은 방법에 ◯표 하시오.

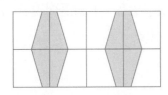

(뒤집기 , 돌리기)

21 다음 무늬를 꾸민 방법을 바르게 설명한 사람은 누구입니까?

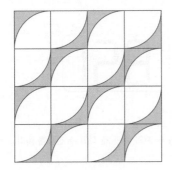

> □ 모양을 뒤집어서 만든 무늬야.
> 보라

> 아냐. □ 모양을 밀어서 만든 무늬야.
> 수지

(　　　　　　　　　)

교과서 유형
22 다음 무늬는 □ 모양을 어떻게 움직여서 만들었는지 □ 안에 알맞은 각도를 써넣으시오.

□ 모양을 오른쪽, 아래쪽으로 움직일 때마다 시계 방향으로 □ 만큼씩 돌렸습니다.

23 다음은 일정한 규칙에 따라 만들어진 무늬입니다. 빈 곳에 들어갈 모양을 그려 보시오.

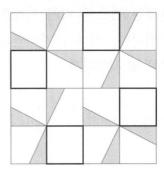

[24~25] 모양으로 규칙적인 무늬를 만들어 보시오.

익힘책 유형
24 뒤집기를 이용하여 무늬를 만들어 보시오.

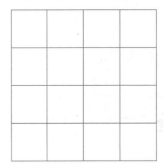

익힘책 유형
25 돌리기를 이용하여 무늬를 만들어 보시오.

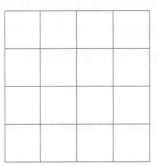

평면도형의 이동

4

2_{단계} 기본 유형

> 핵심 내용 거울에 비친 시계의 모양은 시계를 오른쪽 또는 왼쪽으로 뒤집은 것과 같습니다.

잘 틀리는 유형 06 거울에 비친 시계의 시각 알아보기

26 오른쪽은 거울에 비친 시계의 모습입니다. 시계가 가리키는 시각은 몇 시입니까?

(   )

27 다음은 거울에 비친 시계의 모습입니다. 시계가 가리키는 시각은 몇 시 몇 분입니까?

(1)
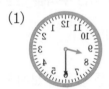

(   )

(2)
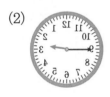

(   )

함정유형 28 오른쪽은 거울에 비친 시계의 모습입니다. 시계가 가리키는 시각은 몇 시 몇 분입니까?

(   )

KEY 거울에 비친 시곗바늘은 시계 반대 방향으로 돌아요.

잘 틀리는 유형 07 수를 뒤집고 돌리기

29 오른쪽 수 카드를 오른쪽으로 뒤집고 시계 방향으로 180°만큼 돌렸을 때 만들어지는 수를 구하시오.

(   )

30 오른쪽 수 카드를 시계 반대 방향으로 180°만큼 돌리고 아래쪽으로 뒤집었을 때 만들어지는 수를 구하시오.

(   )

함정유형 31 다음 수 카드를 시계 방향으로 180°만큼 돌리고 오른쪽으로 뒤집었을 때 만들어지는 수를 구하시오.

(1)

(   )

(2)

(   )

KEY 두 자리 수와 세 자리 수 전체를 돌리고 뒤집어요.

공부한 날 　월 　일

서술형 유형

1-1

㉯ 도형은 ㉮ 도형을 이동한 도형입니다. 도형의 이동 방법을 완성해 보시오.

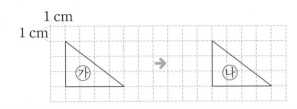

이동 방법

㉯ 도형은 ㉮ 도형을 [　　　]쪽으로 [　　] cm 밀어서 이동한 도형입니다.

1-2

㉮ 도형은 ㉯ 도형을 이동한 도형입니다. 도형의 이동 방법을 설명해 보시오.

이동 방법

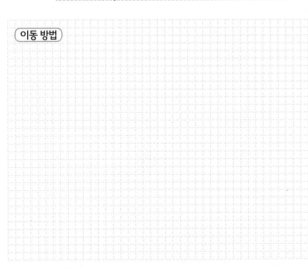

2-1

다음 무늬를 만드는 방법을 완성해 보시오.

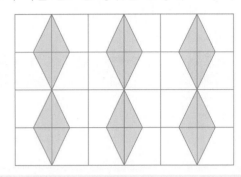

방법

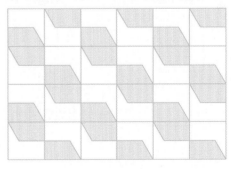 모양을 오른쪽으로 (뒤집어서 , 돌려서)

모양을 만들고, 그 모양을 아래쪽으로

(뒤집어서 , 돌려서) 무늬를 만들었습니다.

2-2

다음 무늬를 만드는 방법을 설명해 보시오.

방법

점수

01 보기 의 모양 조각을 아래쪽으로 밀었을 때의 모양에 ○표 하시오.

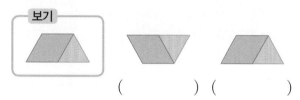

(   ) (   )

02 도형을 왼쪽으로 밀었을 때의 도형을 그려 보시오.

03 다음을 보고 도형을 뒤집은 방향을 쓰시오.

뒤집기 전   뒤집은 후

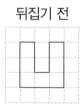 

→ [   ]쪽으로 뒤집었습니다.

04 도형을 오른쪽으로 뒤집었을 때의 도형을 그려 보시오.

05 도형을 시계 방향으로 180°만큼 돌렸을 때의 도형을 그려 보시오.

06 왼쪽 도형을 돌렸더니 오른쪽 도형이 되었습니다. 어떻게 움직인 것인지 ☐ 안에 알맞은 각도를 써넣어 완성해 보시오.

돌리기 전   돌린 후

 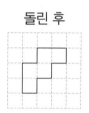

→ 시계 반대 방향으로 [   ]만큼 돌렸습니다.

07 도형을 와 같이 돌린 도형과 와 같이 돌린 도형은 항상 같습니다. ☐ 안에 알맞은 것은 어느 것입니까?·······················(   )

①    ②   ③

④   ⑤

08 다음 중 오른쪽 도형을 돌려서 나 올 수 <u>없는</u> 도형을 찾아 기호를 쓰 시오.

가 　　나 　　다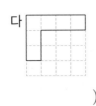

(　　　　　　)

09 모양 조각을 시계 방향으로 180°만큼 돌리고 오른쪽으로 뒤집었습니다. 알맞은 모양을 찾아 ○표 하시오.

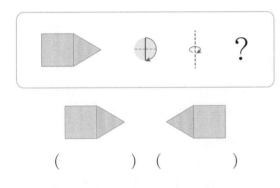

(　　　) (　　　)

10 도형을 오른쪽으로 뒤집고 시계 방향으로 180° 만큼 돌린 도형을 각각 그려 보시오.

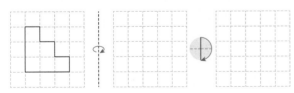

11 도형을 왼쪽으로 뒤집고 시계 반대 방향으로 90°만큼 돌린 도형을 그려 보시오.

처음 도형　　　　　움직인 도형

12 다음 무늬를 꾸민 방법을 바르게 설명한 사람 은 누구입니까?

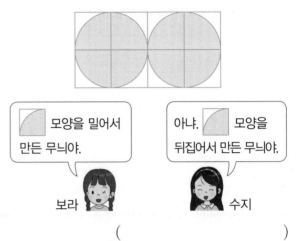

모양을 밀어서 만든 무늬야.

보라

아냐. 모양을 뒤집어서 만든 무늬야.

수지

(　　　　　　)

13 다음 무늬는 　　　 모양을 어떻게 움직여서 만 들었는지 □ 안에 알맞은 각도를 써넣으시오.

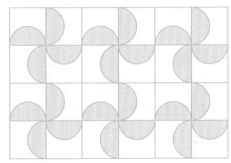

　　　 모양을 시계 방향으로 □ 만큼씩 돌려서 모양을 만들고 그 모양을 오른쪽과 아래쪽으로 밀었습니다.

14 　　　 모양으로 뒤집기를 이용하여 규칙적인 무늬를 만들어 보시오.

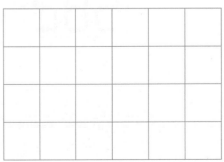

15 오른쪽은 거울에 비친 시계의 모습입니다. 시계가 가리키는 시각은 몇 시 몇 분입니까?

(   )

16 오른쪽 수 카드를 시계 방향으로 180°만큼 돌리고 아래쪽으로 뒤집었을 때 만들어지는 수를 구하시오.

(   )

17 오른쪽은 거울에 비친 시계의 모습입니다. 시계가 가리키는 시각은 몇 시 몇 분입니까?

(   )

18 다음 수 카드를 시계 반대 방향으로 180°만큼 돌리고 아래쪽으로 뒤집었을 때 만들어지는 수를 구하시오.

(   )

서술형

19 ㉮ 도형은 ㉯ 도형을 이동한 도형입니다. 도형의 이동 방법을 설명해 보시오.

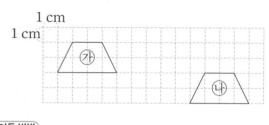

이동 방법

_____

_____

_____

서술형

20 왼쪽으로 뒤집었을 때의 모양이 처음과 같은 글자는 모두 몇 개인지 풀이 과정을 쓰고 답을 구하시오.

ABEFGH

풀이

_____

_____

_____

_____

답 _____

QR 코드를 찍어   **단원평가** 를 풀어 보세요.

5
막대그래프

개념에 대한 **자세한 동영상 강의를** 시청하세요.

개념 ① 막대그래프 알아보기

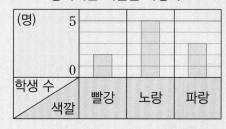

좋아하는 색깔별 학생 수

- 가장 많은 학생들이 좋아하는 색깔
  ➡ 가장 긴 막대 ➡ 노랑
- 가장 적은 학생들이 좋아하는 색깔
  ➡ 가장 짧은 막대 ➡ 빨강

핵심 막대의 길이

조사한 자료를 막대 모양으로 나타낸 그래프를
❶ ☐☐☐☐☐(이)라고 합니다.

[전에 배운 내용]

타고 싶은 놀이 기구별 학생 수

학생 수 (명) 놀이 기구	바이킹	회전목마	범퍼카
3			◯
2	◯		◯
1	◯	◯	◯

- 가장 많은 학생들이 타고 싶은 놀이 기구
  ➡ ◯가 가장 많은 놀이 기구 ➡ 범퍼카
- 가장 적은 학생들이 타고 싶은 놀이 기구
  ➡ ◯가 가장 적은 놀이 기구 ➡ 회전목마

[앞으로 배울 내용]

수량을 점으로 표시하고, 그 점들을 선분으로 이어 그린 그래프를 꺾은선그래프라고 합니다.

개념 ② 막대그래프 그리기

- **막대그래프 그리는 방법**
  ① 가로와 세로 중 어느 쪽에 조사한 수를 나타낼 것인가를 정합니다.
  ② 눈금 한 칸의 크기를 정하고, 조사한 수 중 가장 큰 수를 나타낼 수 있도록 눈금의 수를 정합니다.
  ③ 조사한 수에 맞도록 막대를 그립니다.
  ④ 막대그래프에 알맞은 제목을 붙입니다.

핵심 눈금 한 칸의 크기, 눈금의 수

조사한 수 중에서 가장 ❷(큰 수 , 작은 수)를 나타낼 수 있도록 눈금의 수를 정합니다.

[전에 배운 내용]

- 그래프 그리는 방법
  ① 가로와 세로에 무엇을 나타낼 것인가를 정합니다.
  ② 가로와 세로를 각각 몇 칸으로 나눌지 정합니다.
  ③ ◯, ×, /를 이용하여 그래프로 나타냅니다.
  ④ 그래프에 알맞은 제목을 붙입니다.

- 그래프로 나타낼 때 주의할 점
  - 각 항목의 수를 나타낼 수 있도록 칸 수를 정해야 합니다.
  - ◯, ×, /는 아래에서 위로 한 칸에 1개씩 빈칸 없이 채웁니다.

정답 ❶ 막대그래프 ❷ 큰 수에 ◯표

1-1 막대그래프를 보고 물음에 답하시오.

좋아하는 운동별 학생 수

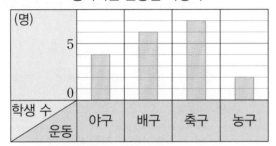

(1) 가로는 무엇을 나타냅니까?

( )

(2) 세로는 무엇을 나타냅니까?

( )

(3) 막대의 길이는 무엇을 나타냅니까?

좋아하는 운동별 [ ]

1-2 막대그래프를 보고 물음에 답하시오.

좋아하는 과목별 학생 수

국어				
수학				
사회				
과목 / 학생 수	0	5	10	15 (명)

(1) 가로는 무엇을 나타냅니까?

( )

(2) 세로는 무엇을 나타냅니까?

( )

(3) 막대의 길이는 무엇을 나타냅니까?

좋아하는 과목별 [ ]

2-1 표를 보고 막대그래프로 나타내려고 합니다. 물음에 답하시오.

좋아하는 음식별 학생 수

음식	자장면	탕수육	군만두	합계
학생 수(명)	4	6	3	13

좋아하는 음식별 학생 수

(1) 군만두는 세로 눈금 몇 칸으로 나타내어야 합니까?

( )

(2) 위의 막대그래프를 완성하시오.

2-2 표를 보고 막대그래프로 나타내려고 합니다. 물음에 답하시오.

받고 싶은 선물별 학생 수

선물	게임기	옷	학용품	합계
학생 수(명)	20	13	17	50

받고 싶은 선물별 학생 수

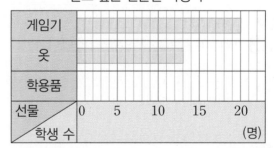

(1) 학용품은 가로 눈금 몇 칸으로 나타내어야 합니까?

( )

(2) 위의 막대그래프를 완성하시오.

2단계 기본유형

> **핵심 내용** 조사한 자료를 막대 모양으로 나타낸 그래프를 막대그래프라고 합니다.

유형 01 막대그래프 알아보기

[01~04] 안나네 학교 학생들이 좋아하는 과일을 조사하여 나타낸 그래프입니다. 물음에 답하시오.

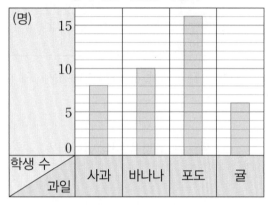

좋아하는 과일별 학생 수

01 위와 같이 조사한 자료를 막대 모양으로 나타낸 그래프를 무엇이라고 합니까?

(   )

교과서유형
02 가로와 세로는 각각 무엇을 나타냅니까?

가로 (   )
세로 (   )

교과서유형
03 막대의 길이는 무엇을 나타냅니까?

(   )

교과서유형
04 세로 눈금 한 칸은 몇 명을 나타냅니까?

(   )

[05~08] 선미네 반 학생들이 좋아하는 계절을 조사하여 나타낸 표와 막대그래프입니다. 물음에 답하시오.

좋아하는 계절별 학생 수

계절	봄	여름	가을	겨울	합계
학생 수(명)	3	6	9	4	22

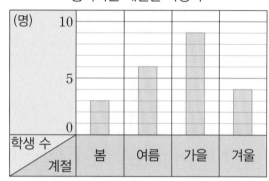

좋아하는 계절별 학생 수

05 무엇을 조사하여 표와 막대그래프로 나타낸 것입니까?

(   )

06 선미네 반 전체 학생 수는 몇 명입니까?

(   )

익힘책유형
07 선미네 반 전체 학생 수를 알아보기에 더 편리한 것은 표와 막대그래프 중 어느 것입니까?

(   )

익힘책유형
08 좋아하는 계절별 학생 수의 크기를 한눈에 비교하기에 더 편리한 것은 표와 막대그래프 중 어느 것입니까?

(   )

→ 핵심 내용 ▸ 막대의 길이가 길수록 조사한 수가 많음

유형 02 막대그래프의 내용 알아보기

[09~13] 민주네 반 학생들이 좋아하는 과목을 조사하여 나타낸 막대그래프입니다. 물음에 답하시오.

좋아하는 과목별 학생 수

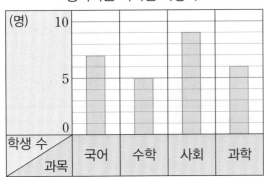

09 과목의 종류는 모두 몇 가지입니까?

( )

교과서유형 10 가장 많은 학생들이 좋아하는 과목은 무엇입니까?

( )

교과서유형 11 가장 적은 학생들이 좋아하는 과목은 무엇입니까?

( )

12 좋아하는 학생 수가 많은 과목부터 순서대로 쓰시오.

( )

13 사회를 좋아하는 학생은 몇 명입니까?

( )

[14~18] 태희네 학교 4학년 학생들이 가고 싶은 나라를 조사하여 나타낸 막대그래프입니다. 물음에 답하시오.

가고 싶은 나라별 학생 수

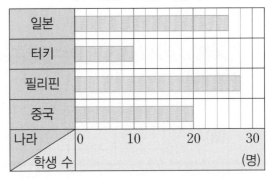

14 가로 눈금 한 칸은 몇 명을 나타냅니까?

( )

익힘책유형 15 필리핀을 가고 싶은 학생은 몇 명입니까?

( )

익힘책유형 16 학생 수가 터키의 2배인 나라는 어디입니까?

( )

17 필리핀의 학생 수는 일본의 학생 수보다 몇 명 더 많습니까?

( )

18 태희네 학교 4학년 학생은 모두 몇 명입니까?

( )

5
막대그래프

2단계 **기본유형**

> **핵심 내용** 조사한 수에 맞도록 막대를 그리기
> 눈금 한 칸의 크기 알기

유형 **03** **막대그래프 그리기**

19 은서네 반 학생들이 좋아하는 운동을 조사하여 나타낸 표를 보고 막대그래프로 나타내시오.

좋아하는 운동별 학생 수

운동	줄넘기	달리기	야구	수영	합계
학생 수(명)	5	10	4	3	22

좋아하는 운동별 학생 수

20 연주네 학교 4학년 학생들의 취미를 조사하여 나타낸 표를 보고 막대그래프로 나타내시오.

취미별 학생 수

취미	게임 하기	영화 보기	책 읽기	음악 듣기	합계
학생 수(명)	30	20	16	24	90

취미별 학생 수

21 다음 막대그래프의 가로와 세로를 바꾸어 나타내려고 합니다. 잘못 설명한 사람은 누구입니까?

좋아하는 채소별 학생 수

> 찬빈: 세로에 채소, 가로에 학생 수가 나타나도록 그리면 돼.
> 규원: 가로와 세로를 바꾸어 그리면 조사한 수도 바뀌는 거야.

( )

22 혜미네 반 학생들이 배우고 싶은 악기를 조사하여 나타낸 막대그래프 ㈎를 가로와 세로를 바꾸어 막대그래프 ㈏로 나타내시오.

㈎ 배우고 싶은 악기별 학생 수

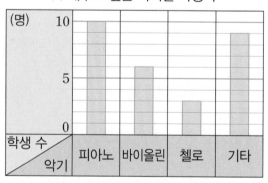

㈏ 배우고 싶은 악기별 학생 수

핵심 내용 → 항목별로 수를 세기

유형 04 자료를 표와 막대그래프로 나타내기

[23~25] 은지네 반 학생들이 좋아하는 동물을 붙임딱지를 붙여 나타내었습니다. 물음에 답하시오.

좋아하는 동물

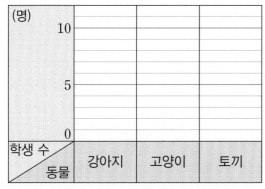

23 조사한 것을 보고 표를 완성하시오.

좋아하는 동물별 학생 수

동물	강아지	고양이	토끼	합계
학생 수(명)				

24 위 23의 표를 보고 막대그래프로 나타내시오.

좋아하는 동물별 학생 수

25 학생 수가 많은 동물부터 왼쪽에서 차례대로 나타나도록 막대그래프에 다시 나타내시오.

좋아하는 동물별 학생 수

[26~28] 원영이네 반 학생들이 좋아하는 음식을 조사한 것입니다. 물음에 답하시오.

좋아하는 음식

26 조사한 것을 보고 표를 완성하시오.

좋아하는 음식별 학생 수

음식	치킨	떡볶이	피자	합계
학생 수(명)				

27 위 26의 표를 보고 막대그래프로 나타내시오.

좋아하는 음식별 학생 수

28 학생 수가 많은 음식부터 위에서 차례대로 나타나도록 막대그래프에 다시 나타내시오.

좋아하는 음식별 학생 수

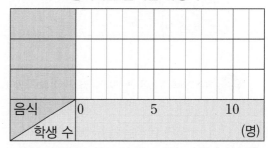

5

막대그래프

잘 틀리는 유형 **05** 모르는 수 구하여 막대그래프 그리기

29 막대그래프를 완성하려면 4반은 세로 눈금 몇 칸으로 나타내어야 합니까?

반별 안경을 쓴 학생 수

반	1반	2반	3반	4반	합계
학생 수(명)	5	8	7		30

반별 안경을 쓴 학생 수

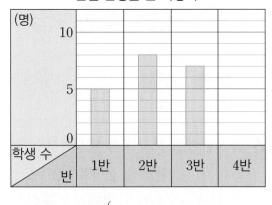

( )

학생유형 **30** 막대그래프를 완성하려면 이순신은 가로 눈금 몇 칸으로 나타내어야 합니까?

존경하는 위인별 학생 수

위인	세종대왕	이순신	장영실	합계
학생 수(명)	28		12	56

존경하는 위인별 학생 수

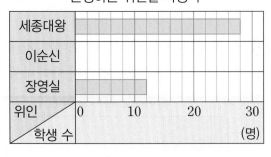

( )

KEY 막대그래프의 눈금 한 칸이 몇 명을 나타내는지 알아보세요.

잘 틀리는 유형 **06** 막대그래프를 보고 문장 완성하기

31 막대그래프를 보고 ☐ 안에 알맞은 수를 써넣으시오.

장래 희망별 학생 수

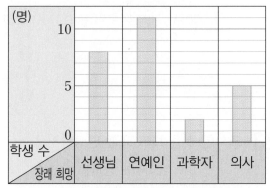

• 장래 희망이 선생님인 학생 수는 과학자인 학생 수의 ☐ 배입니다.

• 조사한 학생은 모두 ☐ 명입니다.

학생유형 **32** 막대그래프를 보고 ☐ 안에 알맞은 수를 써넣으시오.

좋아하는 동물별 학생 수

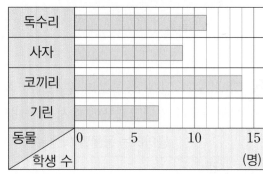

좋아하는 동물이 코끼리이거나 기린인 학생은 모두 ☐ 명입니다.

KEY ■이거나 ▲인 학생 수를 구할 때는 ■＋▲로 계산해요.

공부한 날 ◯ 월 ◯ 일

서술형 유형

1-1

현무네 반 학생들의 혈액형을 조사하여 나타낸 막대그래프입니다. 혈액형이 A형인 학생은 AB형인 학생보다 몇 명 더 많은지 풀이 과정을 완성하고 답을 구하시오.

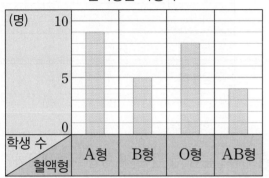

혈액형별 학생 수

풀이 A형: ☐명, AB형: ☐명

따라서 혈액형이 A형인 학생은 AB형인 학생보다 ☐ − ☐ = ☐(명) 더 많습니다.

답 ☐명

1-2

위 **1-1**의 막대그래프에서 혈액형이 B형인 학생은 O형인 학생보다 몇 명 더 적은지 풀이 과정을 쓰고 답을 구하시오.

풀이

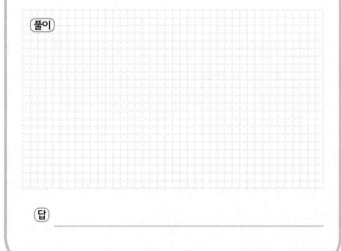

답 _____

2-1

정호네 반 학생들이 좋아하는 꽃을 조사하여 나타낸 막대그래프입니다. 장미를 좋아하는 학생은 국화를 좋아하는 학생보다 4명 더 많습니다. 국화나 장미를 좋아하는 학생은 모두 몇 명인지 풀이 과정을 완성하고 답을 구하시오.

좋아하는 꽃별 학생 수

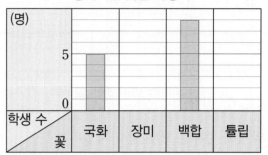

풀이 국화: ☐명, 장미: ☐ + ☐ = ☐(명)

따라서 국화나 장미를 좋아하는 학생은 모두 ☐ + ☐ = ☐(명)입니다.

답 ☐명

2-2

위 **2-1**의 막대그래프에서 튤립을 좋아하는 학생은 백합을 좋아하는 학생보다 6명 더 적습니다. 백합이나 튤립을 좋아하는 학생은 모두 몇 명인지 풀이 과정을 쓰고 답을 구하시오.

풀이

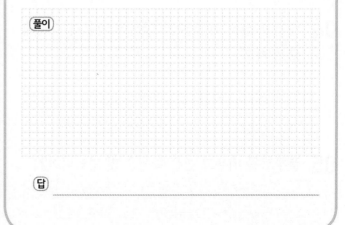

답 _____

5

막대그래프

3 단계 유형 평가 (단원)

점수 /

[01~05] 원재네 반 학생들이 배우고 싶은 악기를 조사하여 나타낸 막대그래프입니다. 물음에 답하시오.

배우고 싶은 악기별 학생 수

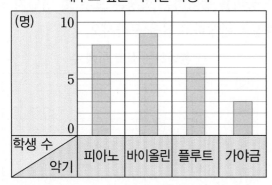

01 악기의 종류는 모두 몇 가지입니까?

(   )

02 가장 많은 학생들이 배우고 싶은 악기는 무엇입니까?

(   )

03 가장 적은 학생들이 배우고 싶은 악기는 무엇입니까?

(   )

04 배우고 싶은 학생 수가 많은 악기부터 순서대로 쓰시오.

(   )

05 플루트를 배우고 싶은 학생은 몇 명입니까?

(   )

[06~10] 영호네 학교 4학년 학생들이 좋아하는 곤충을 조사하여 나타낸 막대그래프입니다. 물음에 답하시오.

좋아하는 곤충별 학생 수

곤충 \ 학생 수	0	20	40	60 (명)
장수풍뎅이				
개미				
사슴벌레				
무당벌레				

06 가로 눈금 한 칸은 몇 명을 나타냅니까?

(   )

07 장수풍뎅이를 좋아하는 학생은 몇 명입니까?

(   )

08 학생 수가 사슴벌레의 2배인 곤충은 무엇입니까?

(   )

09 장수풍뎅이의 학생 수는 개미의 학생 수보다 몇 명 더 적습니까?

(   )

10 영호네 학교 4학년 학생은 모두 몇 명입니까?

(   )

[11~14] 성희와 친구들이 좋아하는 운동을 붙임딱지를 붙여 나타내었습니다. 물음에 답하시오.

좋아하는 운동

축구	야구	농구

11 조사한 것을 보고 표를 완성하시오.

좋아하는 운동별 학생 수

운동	축구	야구	농구	합계
학생 수(명)				

12 위 11의 표를 보고 막대그래프로 나타내시오.

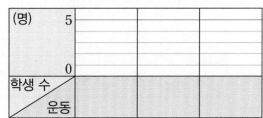
좋아하는 운동별 학생 수

13 학생 수가 적은 운동부터 왼쪽에서 차례대로 나타나도록 막대그래프에 다시 나타내시오.

좋아하는 운동별 학생 수

14 학생 수가 많은 운동부터 위에서 차례대로 나타나도록 막대그래프에 다시 나타내시오.

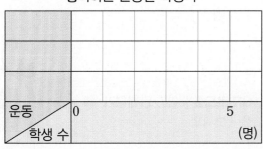
좋아하는 운동별 학생 수

15 막대그래프를 완성하려면 양파는 세로 눈금 몇 칸으로 나타내어야 합니까?

좋아하는 채소별 학생 수

반	오이	당근	상추	양파	합계
학생 수(명)	6	4	9		27

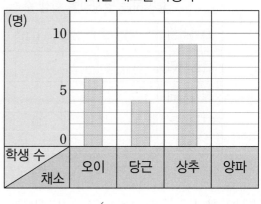
좋아하는 채소별 학생 수

(　　　　　　　　　)

16 막대그래프를 보고 ☐ 안에 알맞은 수를 써넣으시오.

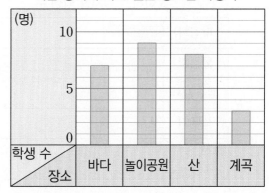
여름 방학에 가고 싶은 장소별 학생 수

• 놀이공원에 가고 싶은 학생 수는 계곡에 가고 싶은 학생 수의 ☐ 배입니다.

• 조사한 학생은 모두 ☐ 명입니다.

함정유형 17 막대그래프를 완성하려면 전갈자리는 가로 눈금 몇 칸으로 나타내어야 합니까?

좋아하는 별자리별 학생 수

별자리	사자자리	큰곰자리	전갈자리	합계
학생 수(명)	36	21		99

좋아하는 별자리별 학생 수

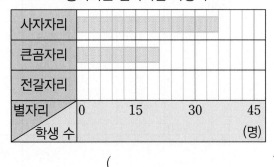

(   )

함정유형 18 막대그래프를 보고 ☐ 안에 알맞은 수를 써넣으시오.

좋아하는 김치별 학생 수

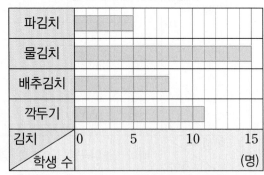

좋아하는 김치가 물김치이거나 배추김치인 학생은 모두 ☐명입니다.

서술형 19 해주네 반 학생들이 가고 싶은 고궁을 조사하여 나타낸 막대그래프입니다. 경복궁을 가고 싶은 학생은 창덕궁을 가고 싶은 학생의 몇 배인지 풀이 과정을 쓰고 답을 구하시오.

가고 싶은 고궁별 학생 수

(명)	5			
	0			
학생 수 / 고궁	경복궁	창덕궁	덕수궁	창경궁

(풀이)

(답)

서술형 20 민규네 반 학생들이 좋아하는 계절을 조사하여 나타낸 막대그래프입니다. 가을을 좋아하는 학생은 봄을 좋아하는 학생의 2배일 때 민규네 반 학생은 모두 몇 명인지 풀이 과정을 쓰고 답을 구하시오.

좋아하는 계절별 학생 수

(명)	5			
	0			
학생 수 / 계절	봄	여름	가을	겨울

(풀이)

(답)

QR 코드를 찍어 **단원평가** 를 풀어 보세요.

6 규칙 찾기

1단계 핵심 개념

개념에 대한 **자세한 동영상 강의**를 시청하세요.

개념 동영상

개념① 수의 배열에서 규칙 찾기

101	201	301	401	501
111	211	311	411	511
121	221	321	421	㉠
131	231	331	431	531
141	241	㉡	441	541

① → 방향으로 100씩 커집니다.

② ↓ 방향으로 10씩 커집니다.

③ ↘ 방향으로 110씩 커집니다.

핵심 방향, 규칙

위의 수 배열표에서 ㉠에 알맞은 수는 ❶[　　　],

㉡에 알맞은 수는 ❷[　　　]입니다.

[전에 배운 내용]
- 덧셈표에서 규칙 찾기

+	1	2	3	4	5
1	2	3	4	5	6
2	3	4	5	6	7
3	4	5	6	7	8

1씩 커집니다.

1씩 커집니다.

- 곱셈표에서 규칙 찾기

×	1	2	3	4	5
1	1	2	3	4	5
2	2	4	6	8	10
3	3	6	9	12	15

1씩 커집니다.

2씩 커집니다.

3씩 커집니다.

개념② 계산식에서 규칙 찾기

계산 결과가 같음

$40+60=100$
$50+50=100$
$60+40=100$
$70+30=100$
$80+20=100$
$90+10=100$

10씩 커짐　10씩 작아짐

계산 결과가 같음

$40-10=30$
$50-20=30$
$60-30=30$
$70-40=30$
$80-50=30$
$90-60=30$

10씩 커짐　10씩 커짐

핵심 계산 결과가 같은 덧셈식, 뺄셈식

- 덧셈식에서 더해지는 수가 커지는 만큼 더하는 수를 ❸(크게 , 작게) 하면 계산 결과는 같습니다.
- 뺄셈식에서 빼지는 수가 커지는 만큼 빼는 수를 ❹(크게 , 작게) 하면 계산 결과는 같습니다.

[전에 배운 내용]
- 덧셈하기

$2+1=3$
$2+2=4$
$2+3=5$
$2+4=6$

1씩 커짐　1씩 커짐

더하는 수가 1씩 커지면 합도 1씩 커집니다.

- 뺄셈하기

$5-1=4$
$5-2=3$
$5-3=2$
$5-4=1$

1씩 커짐　1씩 작아짐

빼는 수가 1씩 커지면 차는 1씩 작아집니다.

정답 ➊ 521 ➋ 341 ➌ 작게에 ○표 ➍ 크게에 ○표

체크

1-1 수 배열표를 보고 물음에 답하시오.

235	245	255	265	275
335	345	355	365	375
435	445	455	465	475
535	545	555	565	575

(1) 가로(→)는 오른쪽으로 몇씩 커집니까?

( )

(2) 세로(↓)는 아래쪽으로 몇씩 커집니까?

( )

(3) ↘ 방향으로 몇씩 커집니까?

( )

1-2 수 배열표를 보고 물음에 답하시오.

120	140	160	180	200
320	340	360	380	400
520	540	560	580	600
720	740	760	780	800

(1) 가로(→)는 오른쪽으로 몇씩 커집니까?

( )

(2) 세로(↓)는 아래쪽으로 몇씩 커집니까?

( )

(3) ↘ 방향으로 몇씩 커집니까?

( )

체크

2-1 계산식을 보고 물음에 답하시오.

$$10 \times 10 = 100$$
$$10 \times 20 = 200$$
$$10 \times 30 = 300$$
$$10 \times 40 = 400$$

㉠

(1) ☐ 안에 알맞은 수를 써넣으시오.

규칙 10에 10씩 커지는 수를 곱하면 계산 결과는 ☐ 씩 커집니다.

(2) ㉠에 알맞은 식에 ◯표 하시오.

$20 \times 40 = 800$	$10 \times 50 = 500$
( )	( )

2-2 계산식을 보고 물음에 답하시오.

$$200 \div 2 = 100$$
$$400 \div 2 = 200$$
$$600 \div 2 = 300$$
$$800 \div 2 = 400$$

㉠

(1) ☐ 안에 알맞은 수를 써넣으시오.

규칙 200씩 커지는 수를 2로 나누면 계산 결과는 ☐ 씩 커집니다.

(2) ㉠에 알맞은 식에 ◯표 하시오.

$1000 \div 2 = 500$	$900 \div 2 = 450$
( )	( )

6

규칙 찾기

2단계 6. 규칙 찾기

기본유형

핵심 내용 수가 커지면 덧셈이나 곱셈을 이용,
수가 작아지면 뺄셈이나 나눗셈을 이용

유형 01 수의 배열에서 규칙 찾기

[01~04] 수 배열표를 보고 물음에 답하시오.

51	52	54	57	61
151	152	154	157	161
351	352	354	357	361
651	652	654	657	661
1051	1052	1054	1057	㉠

01 가로(→)에서 규칙을 찾아보시오.

규칙 51부터 시작하여 오른쪽으로

1, 2, ☐, ☐ 만큼 커집니다.

02 세로(↓)에서 규칙을 찾아보시오.

규칙 51부터 시작하여 아래쪽으로

100, 200, ☐, ☐ 만큼 커집니다.

03 색칠된 칸에서 규칙을 찾아보시오.

규칙 51부터 시작하여 ↘ 방향으로

101, 202, ☐ 만큼 커집니다.

04 수 배열표의 ㉠에 알맞은 수를 구하시오.

(   )

05 수 배열표의 규칙을 바르게 설명한 것을 찾아 기호를 쓰시오.

6013	6113	6213	6313	6413
7013	7113	7213	7313	7413
8013	8113	8213	8313	8413

㉠ 가로(→)는 오른쪽으로 10씩 커집니다.
㉡ 세로(↓)는 아래쪽으로 1000씩 커집니다.

(   )

[06~07] 수 배열표를 보고 물음에 답하시오.

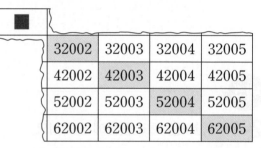

32002	32003	32004	32005
42002	42003	42004	42005
52002	52003	52004	52005
62002	62003	62004	62005

06 색칠된 칸에 나타난 규칙을 바르게 설명한 사람은 누구입니까?

62005부터 시작하여 ↖ 방향으로 10000씩 작아지는 규칙이야.
진주

62005부터 시작하여 ↖ 방향으로 10001씩 작아지는 규칙이야.
진호

(   )

07 ■에 알맞은 수를 구하시오.

(   )

핵심 내용 ▶ 도형의 배열에서 규칙을 찾아
수나 식으로 나타내기

유형 02 도형의 배열에서 규칙 찾기

[08~09] 도형의 배열을 보고 물음에 답하시오.

첫째   둘째   셋째   넷째

08 다섯째에 알맞은 모양을 찾아 ○표 하시오.

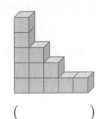   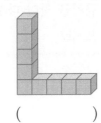

(   )   (   )

09 모형의 개수를 세어 표의 빈칸에 알맞은 수를 써넣고, 도형이 배열된 규칙을 완성하시오.

순서	첫째	둘째	셋째	넷째	다섯째
모형의 개수(개)					

규칙 모형의 개수가 ☐ 개부터 시작하여

☐ 개씩 늘어납니다.

10 규칙에 따라 넷째에 알맞은 모양을 그려 보시오.

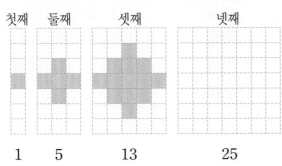

첫째   둘째   셋째   넷째

1   5   13   25

[11~13] 도형의 배열을 보고 규칙을 찾아 다섯째에 알맞은 모양을 그리고, 식으로 나타내시오.

11

첫째   둘째   셋째

1+2   2+3   3+4

넷째   다섯째

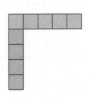   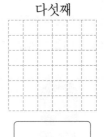

4+5   ☐

12

첫째   둘째   셋째

☐

1×1   2×2   3×3

넷째   다섯째

     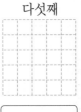

4×4   ☐

13

첫째   둘째   셋째

0+1   1+2   2+3

넷째   다섯째

3+4   ☐

6 규칙 찾기

유형 03 계산식에서 규칙 찾기

14 (가)와 (나) 중 진주의 생각과 같은 규칙적인 계산식을 찾아 기호를 쓰시오.

(가)	(나)
$825+112=937$	$325+221=546$
$825+122=947$	$425+221=646$
$825+132=957$	$525+221=746$
$825+142=967$	$625+221=846$

다음에 알맞은 계산식은 $825+152=977$일 거야.

진주

(   )

[15~16] 곱셈식을 보고 물음에 답하시오.

순서	곱셈식
첫째	$1 \times 1 = 1$
둘째	$11 \times 11 = 121$
셋째	$111 \times 111 = 12321$
넷째	$1111 \times 1111 = 1234321$
다섯째	

15 규칙을 찾아 다섯째에 알맞은 곱셈식을 써넣으시오.

16 이 규칙으로 계산 결과가 12345654321이 되는 곱셈식을 완성하시오.

$$\boxed{} \times \boxed{}$$
$$= 12345654321$$

[17~18] 나눗셈식을 보고 물음에 답하시오.

순서	나눗셈식
첫째	$111111 \div 10101 = 11$
둘째	$222222 \div 10101 = 22$
셋째	$333333 \div 10101 = 33$
넷째	$444444 \div 10101 = 44$
다섯째	

17 규칙을 찾아 다섯째에 알맞은 나눗셈식을 써넣으시오.

18 이 규칙으로 계산 결과가 88이 되는 나눗셈식을 완성하시오.

$$\boxed{} \div \boxed{} = 88$$

19 다음 계산식에서 규칙을 찾아 다섯째에 알맞은 계산식을 써넣으시오.

순서	계산식
첫째	$1 \times 9 + 1 = 10$
둘째	$12 \times 9 + 2 = 110$
셋째	$123 \times 9 + 3 = 1110$
넷째	$1234 \times 9 + 4 = 11110$
다섯째	

유형 **04** **실생활에서 규칙적인 계산식 찾기**

20 책에 표시된 수의 배열에서 규칙적인 계산식을 찾아 쓴 것입니다. ☐ 안에 알맞은 수를 써넣으시오.

110	120	130	140	150	160	170	180	190
210	220	230	240	250	260	270	280	290
310	320	330	340	350	360	370	380	390

$$210+320=220+310$$
$$220+330=230+320$$
$$230+340=240+330$$
$$240+350=\boxed{}+\boxed{}$$
$$250+360=\boxed{}+\boxed{}$$

21 엘리베이터 버튼의 수 배열을 보고 규칙적인 계산식을 바르게 찾은 사람은 누구입니까?

1	2	3	4	5
6	7	8	9	10
11	12	13	14	15

영지	현우
$1+6+11=6\times3$	$1+11=6\times3$
$2+7+12=7\times3$	$2+12=7\times3$
$3+8+13=8\times3$	$3+13=8\times3$
$4+9+14=9\times3$	$4+14=9\times3$
$5+10+15=10\times3$	$5+15=10\times3$

( )

[22~24] 달력을 보고 물음에 답하시오.

일	월	화	수	목	금	토
	1	2	3	4	5	6
7	8	9	10	11	12	13
14	15	16	17	18	19	20
21	22	23	24	25	26	27
28	29	30	31			

22 세로 배열에서 다음과 같은 규칙을 찾았습니다. 규칙에 맞게 계산식을 2개 완성하시오.

> 아래 수에서 7을 빼면 위의 수가 됩니다.

$$\boxed{}-7=\boxed{}$$
$$\boxed{}-7=\boxed{}$$

23 모양 수의 배열에서 규칙적인 계산식을 찾아 쓴 것입니다. ☐ 안에 알맞은 수를 써넣으시오.

$$7+15+23=9+15+21$$
$$8+16+24=10+16+22$$
$$\boxed{}+\boxed{}+\boxed{}=\boxed{}+\boxed{}+\boxed{}$$

24 모양 수의 배열에서 규칙적인 계산식을 찾아 쓴 것입니다. ☐ 안에 알맞은 수를 써넣으시오.

$$10+16+17+18+24=17\times5$$
$$11+17+18+19+25=18\times5$$
$$\boxed{}+\boxed{}+\boxed{}+\boxed{}+\boxed{}$$
$$=\boxed{}\times\boxed{}$$

잘 틀리는 유형 05 수 배열의 규칙에 알맞은 수 구하기

25 수 배열의 규칙에 따라 빈 곳에 알맞은 수를 구하려고 합니다. 규칙을 완성하고 빈 곳에 알맞은 수를 써넣으시오.

(규칙) 3부터 시작하여 ☐씩 곱한 수가 오른쪽에 있습니다.

26 수 배열의 규칙에 따라 빈 곳에 알맞은 수를 써넣으시오.

(1) 2000 ― 2220 ― 2440 ― ☐

(2) 243 ― 81 ― 27 ― ☐

27 수 배열의 규칙을 찾아 ■를 구하시오.

(1) | 1, 2, 4, ■, 11, 16 |

( )

(2) | 5, 10, 20, ■, 55, 80 |

( )

KEY 수 몇 개만 보고 규칙을 찾으면 안 돼요.

잘 틀리는 유형 06 곱셈식과 나눗셈식의 배열에서 규칙 찾기

[28~30] 계산식을 보고 규칙을 찾아 완성하시오.

28

$$20 \times 100 = 2000$$
$$30 \times 100 = 3000$$
$$40 \times 100 = 4000$$
$$50 \times 100 = 5000$$

(규칙) ☐씩 커지는 수에 100을 곱하면 계산 결과는 ☐ × 100 = ☐씩 커집니다.

29

$$5000 \div 10 = 500$$
$$6000 \div 10 = 600$$
$$7000 \div 10 = 700$$
$$8000 \div 10 = 800$$

(규칙) ☐씩 커지는 수를 10으로 나누면 계산 결과는 ☐ ÷ 10 = ☐씩 커집니다.

30

$$4800 \div 200 = 24$$
$$4800 \div 400 = 12$$
$$4800 \div 600 = 8$$
$$4800 \div 800 = 6$$

(규칙) 나누어지는 수가 같을 때 나누는 수를 ×2, ×3, ×4를 하면 계산 결과는 ÷☐, ÷☐, ÷☐이/가 됩니다.

KEY 나누어지는 수가 같은 나눗셈식에서 나누는 수를 2배, 3배, 4배 했을 때 몫이 어떻게 변하는지 확인해요.

1-1

달력에 나타난 수의 배열에서 규칙을 2가지 찾아 완성하시오.

일	월	화	수	목	금	토
			1	2	3	4
5	6	7	8	9	10	11
12	13	14	15	16	17	18
19	20	21	22	23	24	25
26	27	28	29	30	31	

규칙 1 왼쪽에서 오른쪽으로 수가 □씩 커집니다.

규칙 2 위에서 아래로 수가 □씩 커집니다.

1-2

소망이네 교실에 있는 사물함입니다. 사물함에 나타난 수의 배열에서 규칙을 2가지 찾아 쓰시오.

16	17	18	19	20
11	12	13	14	15
6	7	8	9	10
1	2	3	4	5

규칙 1

규칙 2

2-1

바둑돌의 배열을 보고 다섯째 모양을 만들 때 필요한 바둑돌의 개수는 몇 개인지 풀이 과정을 완성하고 답을 구하시오.

첫째   둘째   셋째   넷째

풀이 바둑돌의 개수가 2개, 3개, □개…… 늘어납니다. 따라서 다섯째 모양을 만들 때 필요한 바둑돌의 개수는

1+□+□+□+□=□(개)

입니다.

답 □ 개

2-2

바둑돌의 배열을 보고 다섯째 모양을 만들 때 필요한 바둑돌의 개수는 몇 개인지 풀이 과정을 쓰고 답을 구하시오.

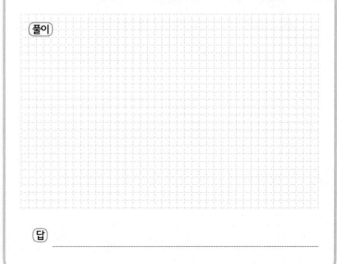

첫째   둘째   셋째   넷째

풀이

답 _____

규칙 찾기   6

3단계 유형 단원 평가

[01~04] 수 배열표를 보고 물음에 답하시오.

20	30	50	80	120
120	130	150	180	220
320	330	350	380	420
620	630	650	680	720
1020	1030	1050	1080	㉠

01 가로(→)에서 규칙을 찾아보시오.

규칙 20부터 시작하여 오른쪽으로

10, 20, ▢, ▢ 만큼 커집니다.

02 세로(↓)에서 규칙을 찾아보시오.

규칙 20부터 시작하여 아래쪽으로

100, 200, ▢, ▢ 만큼 커집니다.

03 색칠된 칸에서 규칙을 찾아보시오.

규칙 20부터 시작하여 ↘ 방향으로

110, 220, ▢ 만큼 커집니다.

04 수 배열표의 ㉠에 알맞은 수를 구하시오.

(　　　　　)

05 도형의 배열을 보고 다섯째에 알맞은 모양을 찾아 ○표 하시오.

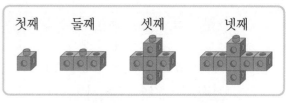

첫째　둘째　셋째　넷째

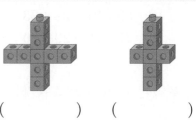

(　　　)　(　　　)

06 규칙에 따라 넷째에 알맞은 바둑돌을 그리고, ▢ 안에 알맞은 수를 써넣으시오.

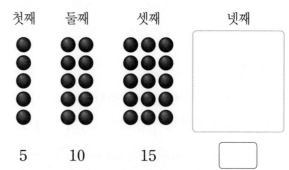

첫째　둘째　셋째　넷째

5　　10　　15　　▢

07 도형의 배열을 보고 규칙을 찾아 다섯째에 알맞은 모양을 그리고, 식으로 나타내시오.

첫째　　둘째　　셋째

1　　1+2　　1+2+3

넷째　　다섯째

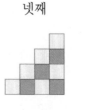 

1+2+3+4　　▢

[08~09] 곱셈식을 보고 물음에 답하시오.

순서	곱셈식
첫째	$9 \times 105 = 945$
둘째	$9 \times 1005 = 9045$
셋째	$9 \times 10005 = 90045$
넷째	$9 \times 100005 = 900045$
다섯째	

08 규칙을 찾아 다섯째에 알맞은 곱셈식을 써넣으시오.

09 이 규칙으로 계산 결과가 900000045가 되는 곱셈식을 완성하시오.

$$\boxed{} \times \boxed{} = 900000045$$

[10~11] 나눗셈식을 보고 물음에 답하시오.

순서	나눗셈식
첫째	$1212 \div 101 = 12$
둘째	$2222 \div 101 = 22$
셋째	$3232 \div 101 = 32$
넷째	$4242 \div 101 = 42$
다섯째	

10 규칙을 찾아 다섯째에 알맞은 나눗셈식을 써넣으시오.

11 이 규칙으로 계산 결과가 92가 되는 나눗셈식을 완성하시오.

$$\boxed{} \div \boxed{} = 92$$

[12~14] 달력을 보고 물음에 답하시오.

일	월	화	수	목	금	토
				1	2	3
4	5	6	7	8	9	10
11	12	13	14	15	16	17
18	19	20	21	22	23	24
25	26	27	28	29	30	

12 가로 배열에서 다음과 같은 규칙을 찾았습니다. 규칙에 맞게 계산식을 2개 완성하시오.

> 왼쪽 수에 1을 더하면 오른쪽 수가 됩니다.

$$\boxed{} + 1 = \boxed{}$$

$$\boxed{} + 1 = \boxed{}$$

13 ▦ 모양 수의 배열에서 규칙적인 계산식을 찾아 쓴 것입니다. ☐ 안에 알맞은 수를 써넣으시오.

$$11 + 19 = 12 + 18$$
$$12 + 20 = 13 + 19$$
$$\boxed{} + \boxed{} = \boxed{} + \boxed{}$$

14 ▨ 모양 수의 배열에서 규칙적인 계산식을 찾아 쓴 것입니다. ☐ 안에 알맞은 수를 써넣으시오.

$$6 + 8 + 14 + 20 + 22 = 14 \times 5$$
$$7 + 9 + 15 + 21 + 23 = 15 \times 5$$
$$\boxed{} + \boxed{} + \boxed{} + \boxed{} + \boxed{}$$
$$= \boxed{} \times \boxed{}$$

6

규칙 찾기

15 수 배열의 규칙에 따라 빈 곳에 알맞은 수를 써넣으시오.

(1) 3000 — 2700 — 2400 — ☐ — 1800

(2) 4 — 12 — 36 — ☐ — 324

16 계산식을 보고 규칙을 찾아 완성하시오.

$$8000 \div 10 = 800$$
$$7000 \div 10 = 700$$
$$6000 \div 10 = 600$$
$$5000 \div 10 = 500$$

규칙 ☐ 씩 작아지는 수를 10으로 나누면 계산 결과는 ☐ ÷ 10 = ☐ 씩 작아집니다.

17 수 배열의 규칙을 찾아 ■를 구하시오.

2, 4, 8, ■, 22, 32

(   )

18 계산식을 보고 규칙을 찾아 완성하시오.

$$6000 \div 100 = 60$$
$$6000 \div 200 = 30$$
$$6000 \div 300 = 20$$
$$6000 \div 400 = 15$$

규칙 나누어지는 수가 같을 때 나누는 수를 ×2, ×3, ×4를 하면 계산 결과는 ÷☐, ÷☐, ÷☐ 이/가 됩니다.

서술형
19 수 배열의 규칙에 맞게 빈칸에 알맞은 수는 얼마인지 풀이 과정을 쓰고 답을 구하시오.

5 — 20 — 80 — 320 — ☐

풀이

답

서술형
20 바둑돌의 배열을 보고 다섯째 모양을 만들 때 필요한 바둑돌의 개수는 몇 개인지 풀이 과정을 쓰고 답을 구하시오.

첫째   둘째   셋째   넷째

풀이

답

QR 코드를 찍어 단원평가 를 풀어 보세요.

오답 노트

오답노트 저장! 출력!

학습을 마칠 때에는 **오답노트**에 어떤 문제를 틀렸는지 표시해.
나중에 틀린 문제만 모아서 다시 풀면 **실력도 쑥쑥** 늘겠지?

① 오답노트 앱을 설치 후 로그인
② 책 표지의 QR 코드를 스캔하여 내 교재 등록
③ 오답 노트를 작성할 교재 아래에 있는 ⓘ 를 터치하여 문항 번호를 선택하기

문항번호 선택

날짜별 또는 단원별 보기

틀린 문제는 모르는 채 넘어 가지 말자구!

인쇄 가능

모든 문제의 풀이 동영상 강의 제공

문제 풀이 동영상 강의

잘 틀리는 **실력 유형**

1. 큰 수

문제 풀이 동영상 강의

다르지만 **같은 유형**

1. 큰 수

유사 문제 제공

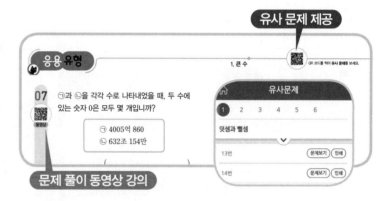

응용 유형

1. 큰 수

07 ㉠과 ㉡을 각각 수로 나타내었을 때, 두 수에 있는 숫자 0은 모두 몇 개입니까?

㉠ 4005억 860
㉡ 632조 154만

문제 풀이 동영상 강의

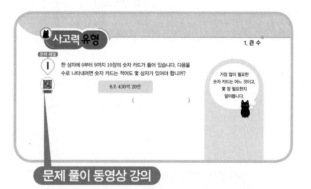

사고력 유형

1. 큰 수

한 상자에 0부터 9까지 10장의 숫자 카드가 들어 있습니다. 다음을 수로 나타내려면 숫자 카드는 적어도 몇 상자가 있어야 합니까?

8조 430억 20만

가장 많이 필요한 숫자 카드는 어느 것이고, 몇 장 필요한지 알아봅니다.

문제 풀이 동영상 강의

도전! **최상위 유형**

1. 큰 수

1

숫자 카드를 3번까지 사용하여 십억의 자리 숫자가 3이고, 백만의 자리 숫자가 8인 12자리 수를 만들려고 합니다. 만들 수 있는 수 중에서 가장 큰 수와 가장 작은 수의 같은 자리 숫자끼리의 합이 10인 자리는 모두 몇 개입니까? (단, 숫자 카드를 한 번씩은 모두 사용해야 합니다.

4 0 8 3 6 7

문제 풀이 동영상 강의

 **Book ② 실력** 난이도 중, 상과 최상위 문제로 구성하였습니다.

연습	완성	도전
잘 틀리는 실력 유형 다르지만 같은 유형	응용 유형	사고력 유형 최상위 유형

잘 틀리는 실력 유형

잘 틀리는 실력 유형으로 오답을 피할 수 있도록 연습하고 새 교과서에 나온 활동 유형으로 다른 교과서에 나오는 잘 틀리는 문제를 연습합니다.

▶ 동영상 강의 제공

다르지만 같은 유형

다르지만 같은 유형으로 어려운 문제도 결국 같은 유형이라는 것을 안다면 쉽게 해결할 수 있습니다.

▶ 동영상 강의 제공

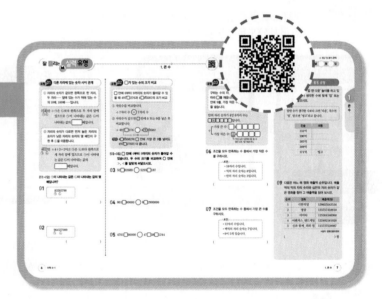

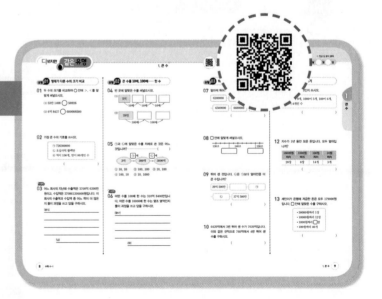

응용 유형

응용 유형 문제를 풀면서 어려운 문제도
풀 수 있는 힘을 키워 보세요.

▶ 동영상 강의 제공

👥 유사 문제 제공

사고력 유형

평소 쉽게 접하지 않은 사고력 유형도
연습할 수 있습니다.

▶ 동영상 강의 제공

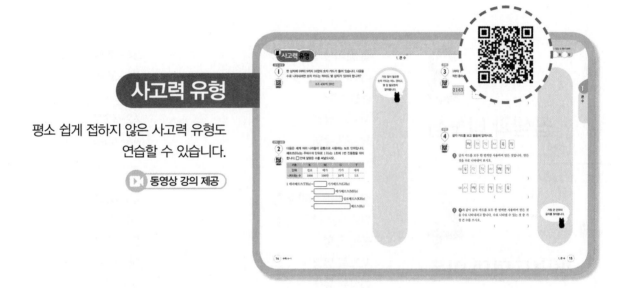

최상위 유형

도전! 최상위 유형~ 가장 어려운 최상위
문제를 풀려고 도전해 보세요.

▶ 동영상 강의 제공

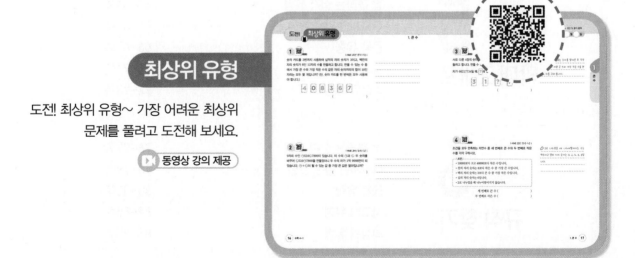

Book2

차례

1

큰 수

학습 계획표

계획표대로 공부했으면 ○표, 못했으면 △표 하세요.

유형 01 다른 자리에 있는 숫자 사이 관계

① 자리의 숫자가 같으면 왼쪽으로 한 자리, 두 자리…… 앞에 있는 수가 뒤에 있는 수의 10배, 100배……입니다.

7545만 → ㉠은 ㉡보다 왼쪽으로 두 자리 앞에 있으므로 ㉠이 나타내는 값은 ㉡이 나타내는 값의 [   ]배입니다.
㉠ ㉡

② 자리의 숫자가 다르면 먼저 높은 자리의 숫자가 낮은 자리의 숫자의 몇 배인지 구한 후 ①을 이용합니다.

4612만 → 4÷2=2이고 ㉠은 ㉡보다 왼쪽으로 세 자리 앞에 있으므로 ㉠이 나타내는 값은 ㉡이 나타내는 값의 [   ]배입니다.
㉠ ㉡

[01~02] ㉠이 나타내는 값은 ㉡이 나타내는 값의 몇 배입니까?

01
$$83285790$$
㉠ ㉡

(   )

02
$$964537000$$
㉠ ㉡

(   )

유형 02 □가 있는 수의 크기 비교

□ 안에 0부터 9까지의 숫자가 들어갈 수 있을 때 491□276과 4□03582의 크기 비교

① 자릿수를 비교합니다.
→ 7자리 수 (=) 7자리 수

② 자릿수가 같으면 □ 안에 0 또는 9를 넣은 후 비교합니다.
→ 491□276 ( ) 4⑨03582
       └──── 1>0 ────┘

참고 4□03582의 □ 안에 가장 큰 9를 넣어도 491□276이 더 큽니다.

[03~05] □ 안에 0부터 9까지의 숫자가 들어갈 수 있습니다. 두 수의 크기를 비교하여 ○ 안에 >, <를 알맞게 써넣으시오.

03 52□02689 ◯ 5293□187

04 801□00000 ◯ 8□2900000

05 4701□00000 ◯ 47□38□1244

QR 코드를 찍어 **동영상 특강**을 보세요.

유형 03 조건을 만족하는 수

구하는 수의 자릿수만큼 ◻를 쓴 후 조건에 따라 ◻를 채웁니다. 가장 큰 수는 나머지 ◻ 안에 9를, 가장 작은 수는 나머지 ◻ 안에 0 을 넣습니다.

만의 자리 숫자가 4인 6자리 수는
◻4◻◻◻◻입니다.

→
가장 큰 수: ◻4◻◻◻◻
가장 작은 수: 14◻◻◻◻
└ 가장 높은 자리에 0은 올 수 없으므로 1을 넣습니다.

06 조건을 모두 만족하는 수 중에서 가장 작은 수를 구하시오.

┌조건┐
• 10자리 수입니다.
• 억의 자리 숫자는 8입니다.
• 만의 자리 숫자는 3입니다.

(   )

07 조건을 모두 만족하는 수 중에서 가장 큰 수를 구하시오.

┌조건┐
• 12자리 수입니다.
• 백억의 자리 숫자는 7입니다.
• 0이 5개 있습니다.

(   )

유형 04 새 교과서에 나온 활동 유형

08 새롬이와 진솔이가 '업 앤 다운' 놀이를 하고 있습니다. 새롬이가 생각한 수에 맞게 '업' 또는 '다운'을 써넣으시오.

┌방법┐
말한 수가 생각한 수보다 크면 '다운', 작으면 '업', 맞으면 '빙고'라고 씁니다.

진솔	새롬
152억	
190억	
185억	
169억	
171억	빙고

09 다음은 어느 해 영화 매출액 순위입니다. 매출액의 억의 자리 숫자와 십만의 자리 숫자가 같은 영화를 찾아 그 매출액을 읽어 보시오.

순위	영화	매출액(원)
1	극한직업	139655543516
2	명량	135757418810
3	아바타	125304346000
4	어벤져스_엔드게임	122492181020
5	신과 함께_죄와 벌	115727528087

*출처: 영화진흥위원회

(   ) 원

1
큰 수

유형 01 형태가 다른 수의 크기 비교

01 두 수의 크기를 비교하여 ◯ 안에 >, <를 알맞게 써넣으시오.

(1) 53만 1408 ◯ 58926

(2) 6억 8427 ◯ 600008500

02 가장 큰 수의 기호를 쓰시오.

> ㉠ 726300000
> ㉡ 오십사억 팔백만
> ㉢ 억이 150개, 만이 80개인 수

( )

서술형

03 어느 회사의 지난해 수출액은 3708억 6200만 원이고, 수입액은 370861200000원입니다. 이 회사의 수출액과 수입액 중 어느 쪽이 더 많은 지 풀이 과정을 쓰고 답을 구하시오.

[풀이]

_____

_____

_____

[답]

유형 02 큰 수를 10배, 100배…… 한 수

04 빈 곳에 알맞은 수를 써넣으시오.

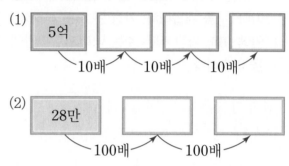

05 ㉠과 ㉡에 알맞은 수를 차례로 쓴 것은 어느 것입니까?·····························( )

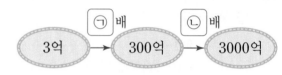

① 10, 10   ② 100, 100   ③ 10, 100

④ 100, 10   ⑤ 10, 1000

서술형

06 어떤 수를 100배 한 수는 310억 8400만입니다. 어떤 수를 10000배 한 수는 몇조 몇억인지 풀이 과정을 쓰고 답을 구하시오.

[풀이]

_____

_____

_____

[답]

QR 코드를 찍어 **동영상 특강**을 보세요.

유형 03 뛰어 센 규칙 찾아 뛰어 세기

07 얼마씩 뛰어 세었는지 쓰시오.

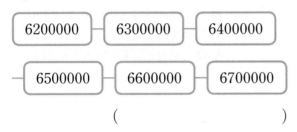

6200000 ― 6300000 ― 6400000

― 6500000 ― 6600000 ― 6700000

(   )

08 ☐ 안에 알맞게 써넣으시오.

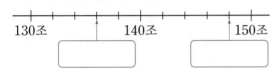

130조   140조   150조

09 뛰어 센 것입니다. ⓛ은 ㈀보다 얼마만큼 더 큰 수입니까?

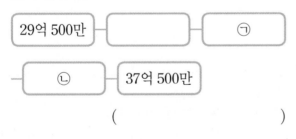

29억 500만 ―   ―   ㈀

―   ⓛ ― 37억 500만

(   )

10 6420억에서 3번 뛰어 센 수가 7020억입니다. 이와 같은 규칙으로 760억에서 4번 뛰어 센 수를 구하시오.

(   )

유형 04 얼마인지 알아보기

11 설명하는 수가 얼마인지 쓰시오.

10000이 9개, 1000이 5개, 100이 6개, 10이 4개인 수

(   )

12 지수가 1년 동안 모은 돈입니다. 모두 얼마입니까?

10000원 짜리	1000원 짜리	100원 짜리	10원 짜리
20장	8장	14개	3개

(   )

13 세인이가 은행에 저금한 돈은 모두 179000원입니다. ☐ 안에 알맞은 수를 구하시오.

- 50000원짜리 1장
- 10000원짜리 12장
- 1000원짜리 ☐장
- 100원짜리 40개

(   )

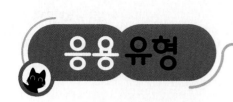
바꿀 수 있는 수표 수

01 ²14500000원을 100만 원짜리 수표와 10만 원짜리 수표로 모두 바꾸려고 합니다. / ¹수표의 수가 가장 적게 바꾸면 / ³수표는 모두 몇 장입니까?

( )

❶ 수표의 수를 가장 적게 바꾸는 방법을 알아봅니다.

❷ 14500000은 100만이 몇 개, 10만이 몇 개인 수인지 알아봅니다.

❸ ❶의 방법으로 수표를 바꾸어 봅니다.

바르게 뛰어 세기

02 ²㉮에서 10만씩 커지게 뛰어 세어야 할 것을 / ¹잘못하여 100만씩 커지게 뛰어 세었더니 520만이 되었습니다. / ³바르게 뛰어 세면 얼마입니까?

( )

❶ 520만에서 100만씩 작아지게 3번 뛰어 세어 ㉮를 알아봅니다.

❷ 바르게 뛰어 세는 규칙을 알아봅니다.

❸ ❷의 규칙으로 ㉮에서 뛰어 셉니다.

☐가 있는 수의 크기 비교

03 ²☐ 안에 0부터 9까지의 숫자가 들어갈 수 있습니다. / ³큰 수부터 차례로 기호를 쓰시오.

❶, ❷
⎧ ㉠ 25☐364628
⎨ ㉡ 25937☐935
⎩ ㉢ 2593708☐☐

( )

❶ 자릿수를 비교합니다.

❷ 자릿수가 같으면 ☐ 안에 0 또는 9를 넣은 후 비교합니다.

❸ 큰 수부터 차례로 찾습니다.

숫자가 나타내는 값

04 **❶**0부터 9까지의 숫자를 모두 한 번씩만 사용하여 가장 큰 10자리 수 ㉮와 가장 작은 10자리 수 ㉯를 만들었습니다. / **❷**㉮에서 숫자 7이 나타내는 값은 ㉯에서 숫자 7이 나타내는 값의 / **❸**몇 배입니까?

(　　　　　　　　　　)

❶ 가장 큰 수 ㉮와 가장 작은 수 ㉯를 각각 만듭니다.
❷ ❶에서 만든 두 수 ㉮와 ㉯에서 숫자 7이 나타내는 값을 각각 알아봅니다.
❸ 숫자 7이 나타내는 값을 비교해 봅니다.

조건을 만족하는 수

05 **❸**조건을 모두 만족하는 수를 쓰시오.

┌조건┐
• **❶**만이 9000개인 수보다 크고, 1억보다 작은 수입니다.
• **❷**십만의 자리 숫자와 만의 자리 숫자는 3이고, 각 자리의 숫자의 합은 15입니다.

(　　　　　　　　　　)

❶ 만이 9000개인 수와 1억 사이의 수를 알아봅니다.
❷ ❶의 수 중 십만의 자리 숫자와 만의 자리 숫자가 3이면서 각 자리의 숫자의 합이 15인 수를 알아봅니다.
❸ ❶, ❷를 모두 만족하는 수를 씁니다.

숫자 사이 관계

06 다음 수는 10자리 수입니다. **❶**㉠이 나타내는 값은 **❷**㉡이 나타내는 값의 2000배이고 / **❸**㉢이 나타내는 값의 10000배입니다. / **❹**㉡과 ㉢의 자리를 찾아 ☐ 안에 알맞은 수를 써넣으시오.

| 44442 | | | | | |

㉠

❶ ㉠이 나타내는 값을 알아봅니다.
❷ 어떤 수의 2000배가 ㉠이 나타내는 값을 이용하여 ㉡을 알아봅니다.
❸ 어떤 수의 10000배가 ㉠이 나타내는 값을 이용하여 ㉢을 알아봅니다.
❹ ㉡과 ㉢의 자리를 찾아 ☐ 안에 알맞은 수를 써넣습니다.

07 ㉠과 ㉡을 각각 수로 나타내었을 때, 두 수에 있는 숫자 0은 모두 몇 개입니까?

> ㉠ 4005억 860
> ㉡ 632조 154만

(   )

08 ㉠은 ▲씩 뛰어 센 것이고, ㉡은 ●씩 뛰어 센 것입니다. ▲+●를 구하시오.

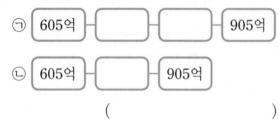

(   )

바꿀 수 있는 수표 수

09 79200000원을 1000만 원짜리 수표와 10만 원짜리 수표로 모두 바꾸려고 합니다. 수표의 수가 가장 적게 바꾸면 수표는 모두 몇 장입니까?

(   )

10 두 수의 크기를 비교하여 더 큰 수를 찾아 기호를 쓰시오.

> ㉮ 57조 39만에서 10조씩 커지게 5번 뛰어 센 수
> ㉯ 680048250000을 100배 한 수

(   )

바르게 뛰어 세기

11 ㉮에서 1000억씩 커지게 뛰어 세어야 할 것을 잘못하여 100억씩 커지게 뛰어 세었더니 840억이 되었습니다. 바르게 뛰어 세면 얼마입니까?

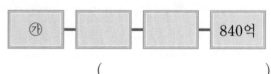

(   )

12 숫자 카드를 모두 한 번씩만 사용하여 30만보다 작은 6자리 수를 만들려고 합니다. 만들 수 있는 수 중에서 가장 큰 수를 구하시오.

(   )

QR 코드를 찍어 **유사 문제**를 보세요.

□가 있는 수의 크기 비교

13 □ 안에 0부터 9까지의 숫자가 들어갈 수 있습니다. 큰 수부터 차례로 기호를 쓰시오.

ㄱ 8970708□□
ㄴ 89707□935
ㄷ 8□7064628

( )

숫자가 나타내는 값

14 0부터 9까지의 숫자를 모두 한 번씩만 사용하여 세 번째로 큰 10자리 수 ㉮와 세 번째로 작은 10자리 수 ㉯를 만들었습니다. ㉮에서 숫자 8이 나타내는 값은 ㉯에서 숫자 8이 나타내는 값의 몇 배입니까?

( )

조건을 만족하는 수

15 조건을 모두 만족하는 수를 쓰시오.

조건
• 억이 90개인 수보다 크고, 100억보다 작은 수입니다.
• 백만의 자리 숫자는 6이고, 각 자리의 숫자의 합은 15입니다.

( )

숫자 사이 관계

16 다음 수는 10자리 수입니다. ㉠이 나타내는 값은 ㉡이 나타내는 값의 40000배이고 ㉢이 나타내는 값의 2000배입니다. ㉡과 ㉢의 자리를 찾아 □ 안에 알맞은 수를 써넣으시오.

8882□□□□□□
  ㉠

17 ㉠이 될 수 있는 수는 모두 몇 개입니까?

• 100456 ⬎ ㉠
• ㉠은 6자리 수이고, 백의 자리 숫자가 1입니다.
• ㉠은 0이 3개입니다.

( )

18 8자리 수인 ㉠㉡004280의 천만의 자리 숫자와 백만의 자리 숫자를 바꾸면 처음 수보다 900만이 작아집니다. 처음 수를 구하시오.

(단, ㉠+㉡=11)

( )

1
큰
수

문제 해결

1

한 상자에 0부터 9까지 10장의 숫자 카드가 들어 있습니다. 다음을 수로 나타내려면 숫자 카드는 적어도 몇 상자가 있어야 합니까?

> 8조 430억 20만

( )

가장 많이 필요한 숫자 카드는 어느 것이고, 몇 장 필요한지 알아봅니다.

창의·융합

2

다음은 세계 여러 나라들이 공통으로 사용하는 보조 단위입니다. 헤르츠(Hz)는 주파수의 단위로 1 Hz는 1초에 1번 진동함을 의미합니다. ☐ 안에 알맞은 수를 써넣으시오.

기호	K	M	G	T
단위	킬로	메가	기가	테라
나타내는 수	1000	100만	10억	1조

1 테라헤르츠(THz)= ☐ 기가헤르츠(GHz)

= ☐ 메가헤르츠(MHz)

= ☐ 킬로헤르츠(KHz)

= ☐ 헤르츠(Hz)

3 1부터 7까지의 숫자를 모두 한 번씩만 사용하여 만든 7자리 수가 적힌 종이가 찢어졌습니다. 종이에 적혀 있던 7자리 수를 구하시오.

2163

- 500만보다 크고 600만보다 작은 수입니다.
- 십만의 자리 숫자는 7입니다.
- 이 수는 짝수입니다.

(　　　　　　　　　)

4 글자 카드를 보고 물음에 답하시오.

① 글자 카드를 모두 한 번씩만 사용하여 만든 것입니다. 만든 것을 수로 나타내어 보시오.

(1)

(　　　　　　　　　)

(2)

(　　　　　　　　　)

② ①과 같이 글자 카드를 모두 한 번씩만 사용하여 만든 것을 수로 나타내려고 합니다. 수로 나타낼 수 있는 것 중 가장 큰 수를 쓰시오.

(　　　　　　　　　)

가장 큰 단위의
글자를 찾아봅니다.

1

큰

수

도전! 최상위 유형

1

| HME 20번 문제 수준 |

숫자 카드를 3번까지 사용하여 십억의 자리 숫자가 3이고, 백만의 자리 숫자가 8인 12자리 수를 만들려고 합니다. 만들 수 있는 수 중에서 가장 큰 수와 가장 작은 수의 같은 자리 숫자끼리의 합이 10인 자리는 모두 몇 개입니까? (단, 숫자 카드를 한 번씩은 모두 사용해야 합니다.)

(   )

2

| HME 21번 문제 수준 |

9자리 수인 ㉠510㉡7800이 있습니다. 이 수의 ㉠과 ㉡ 두 숫자를 바꾸어 ㉡510㉠7800을 만들었더니 두 수의 차가 1억 9998만이 되었습니다. ㉠+㉡이 될 수 있는 값 중 가장 큰 값은 얼마입니까?

(   )

3

| HME 22번 문제 수준 |

서로 다른 4장의 숫자 카드를 모두 두 번씩 사용하여 8자리 수를 만들려고 합니다. 만들 수 있는 수 중에서 가장 큰 수와 가장 작은 수의 차가 66217734일 때, ❓ 에 알맞은 숫자를 구하시오.

（　　　　　　　　　）

> ❓ 가 될 수 있는 숫자를 알아본 후 각각의 경우에서 가장 큰 수와 가장 작은 수를 만들어 차를 구해 봅니다.

4

| HME 23번 문제 수준 |

조건을 모두 만족하는 자연수 중 세 번째로 큰 수와 두 번째로 작은 수를 각각 구하시오.

┌─ 조건 ─
- 10000보다 크고 40000보다 작은 수입니다.
- 천의 자리 숫자는 8보다 작은 수 중 가장 큰 수입니다.
- 백의 자리 숫자는 3보다 큰 수 중 가장 작은 수입니다.
- 십의 자리 숫자는 6입니다.
- 2로 나누었을 때 나누어떨어지지 않습니다.
└─

세 번째로 큰 수 （　　　　　　　　　）

두 번째로 작은 수 （　　　　　　　　　）

> 2로 나누었을 때 나누어떨어지는 수는 짝수이고 일의 자리 숫자는 0, 2, 4, 6, 8입니다.

1

큰
수

10000과 관련된 재미있는 이야기

10000을 '일만'으로 읽으면 안 되나요?

평소에 숫자를 읽을 때 '백, 천, 만'이라고 읽지요?
'백 원, 이백 원……', '천 개, 이천 개……' 이런 식
으로 말이죠.
그래서 10000을 읽을 때에도 역시 '일'을 생략하
고 그냥 만이라고 읽어요.

하지만 '일백, 일천, 일만'이라고 읽는 경우도 있
습니다.
바로 단위를 정확하게 나타내어야만 하는 경우가
그렇답니다.
그래서 돈을 정확히 세어야 하는 은행에서는 앞에 '일'자를 붙여서 '일만 원, 일십만 원,
일백만 원' 등으로 쓴답니다.

'10000년'이 문제라고요?

우리는 현재 4자리 수를 연도로 사용하고 있어요.
'2020년, 2021년, 2022년……'처럼 말이죠.
하지만 앞으로 시간이 흐르고 흘러서 9999년이 되고 또 1년이 지나면 만 년, 즉 10000년
이 되겠죠?
10000년은 그 이전과 무엇이 다를까요?
그렇죠, 10000년부터는 연도를 표시할 때 4자
리 수가 아닌 5자리 수를 사용해요.
우리가 사용하는 컴퓨터는 5자리 연도를 이해할
수 없기 때문에 큰 문제가 생길 수 있다고 해요.
이런 문제를 Y10K, 또는 YAK, YXK라고
한답니다.
하지만 아직 10000년까지 많은 시간이 남아 있
어서 걱정하지 않아도 돼요.
그때에는 더 나은 기술이 발달되어 있을 거예요.

2

각도

유형 01 삼각형 밖에 있는 각도 구하기

삼각형의 세 각의 크기의 합은 180°임을 이용하여 먼저 삼각형 안에 있는 모르는 각도를 구합니다.

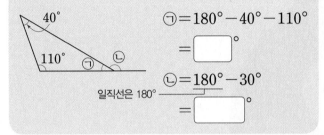

$$㉠=180°-40°-110°$$
$$=\boxed{}°$$
$$㉡=180°-30°$$
$$=\boxed{}°$$

일직선은 180°

01 ㉠과 ㉡의 각도를 각각 구하시오.

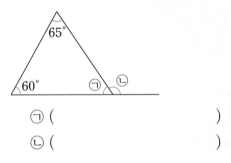

㉠ (   )

㉡ (   )

02 □ 안에 알맞은 각도를 써넣으시오.

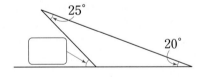

03 ㉠의 각도를 구하시오.

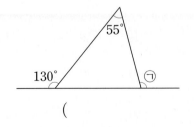

(   )

유형 02 사각형 밖에 있는 각도 구하기

사각형의 네 각의 크기의 합은 360°임을 이용하여 먼저 사각형 안에 있는 모르는 각도를 구합니다.

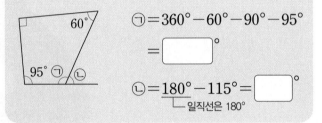

$$㉠=360°-60°-90°-95°$$
$$=\boxed{}°$$
$$㉡=180°-115°=\boxed{}°$$

일직선은 180°

04 ㉠과 ㉡의 각도를 각각 구하시오.

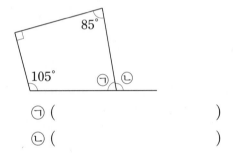

㉠ (   )

㉡ (   )

05 □ 안에 알맞은 각도를 써넣으시오.

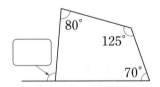

06 ㉠의 각도를 구하시오.

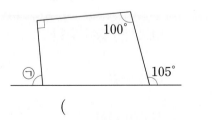

(   )

유형 03 도형 안에 있는 각의 크기의 합 구하기

도형을 삼각형으로 나눌 때 나눌 수 있는 가장
적은 수(■개)로 나눕니다.
(도형 안에 있는 각의 크기의 합)=180°×■
└─ 삼각형의 세 각의 크기의 합

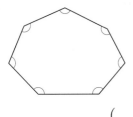

(도형 안에 있는 각의 크기의 합)
=180°× ▢ = ▢°

[07~08] 삼각형의 세 각의 크기의 합을 이용하여 도
형 안에 있는 각의 크기의 합을 구하시오.

07

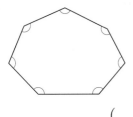

( )

08

( )

09 ㉠, ㉡, ㉢의 각도의 합을 구하시오.

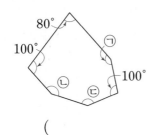
80°
100°
㉠
㉡
㉢
100°

( )

유형 04 새 교과서에 나온 활동 유형

10 경사면의 각도에 따라 물체에 작용하는 힘이
어떻게 달라지는지 알아보는 실험을 하고 있습
니다. ㉠과 ㉡의 각도의 차를 구하시오.

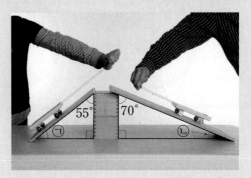
55° 70°
㉠ ㉡

( )

11 처음 색종이 안에 있는 5개 각의 크기는 같습
니다. 색종이를 다음과 같이 접었다 펼친 모양
에서 ㉠의 각도를 구하시오.

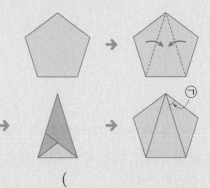
㉠

( )

유형 01 시계에서 예각과 둔각 알아보기

01 긴바늘과 짧은바늘이 이루는 작은 쪽의 각이 예각, 둔각 중 어느 것인지 쓰시오.

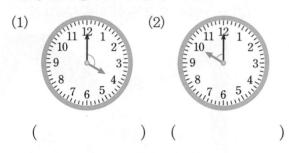

(1) (   )   (2) (   )

02 시각에 맞게 시곗바늘을 그려 넣고, 긴바늘과 짧은바늘이 이루는 작은 쪽의 각이 예각, 둔각 중 어느 것인지 쓰시오.

(1) 1시   (2) 7시

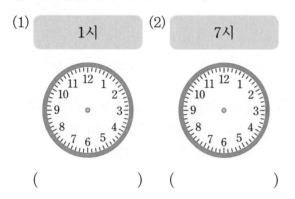

(   )   (   )

03 시각을 시계에 나타내었을 때 긴바늘과 짧은바늘이 이루는 작은 쪽의 각이 예각, 둔각 중 어느 것인지 쓰시오.

(1) 2시 20분   (   )

(2) 5시 40분   (   )

(3) 9시 10분   (   )

유형 02 모르는 각도 구하기

[04~05] ☐ 안에 알맞은 각도를 써넣으시오.

04

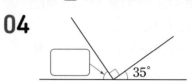

35°

05

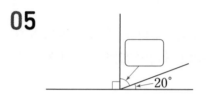

20°

06 ㉠의 각도를 구하시오.

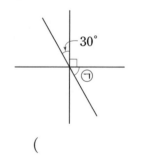

30°

(   )

07 ㉠의 각도를 구하시오.

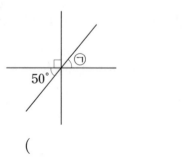

50°

(   )

QR 코드를 찍어 **동영상 특강**을 보세요.

유형 03 가장 작은 각을 이용하여 각도 구하기

08 90°를 크기가 같은 각 5개로 나누었습니다. 각 ㄴㅅㅁ의 크기를 구하시오.

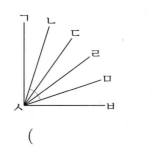

(　　　　　)

09 180°를 크기가 같은 각 6개로 나누었습니다. 각 ㄴㅇㅂ의 크기를 구하시오.

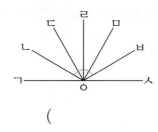

(　　　　　)

10 360°를 크기가 같은 각 8개로 나누었습니다. 각 ㄴㅈㅁ의 크기를 구하시오.

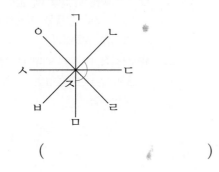

(　　　　　)

유형 04 크고 작은 예각, 둔각 찾기

11 ㉠, ㉡, ㉢은 각각 예각, 둔각 중 어느 것인지 쓰시오.

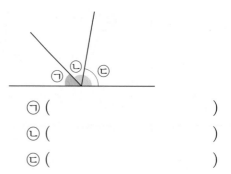

㉠ (　　　　　)
㉡ (　　　　　)
㉢ (　　　　　)

12 다음 그림에서 찾을 수 있는 크고 작은 예각은 모두 몇 개입니까?

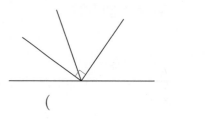

(　　　　　)

13 다음 그림에서 찾을 수 있는 크고 작은 둔각은 모두 몇 개입니까?

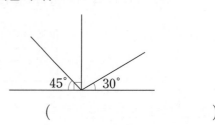

45°　30°

(　　　　　)

2

각
도

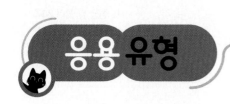

응용유형

모르는 각도 구하기

01 **②**각 ㄱㅇㄷ의 크기를 구하시오.

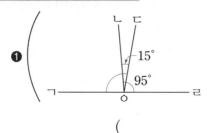

(   )

❶ 일직선은 180°임을 이용하여 각 ㄱㅇㄴ의 크기를 구합니다.

❷ (각 ㄱㅇㄷ)=(각 ㄱㅇㄴ)+(각 ㄴㅇㄷ)

시계에서 예각과 둔각 알아보기

02 **❶**9시부터 30분 간격으로 11시까지의 시각 중 / **❷**긴바늘과 짧은바늘이 이루는 작은 쪽의 각이 둔각인 경우는 모두 몇 번입니까?

(   )

❶ 9시, 9시 30분, 10시, 10시 30분, 11시

❷ ❶에서 긴바늘과 짧은바늘이 이루는 작은 쪽의 각이 직각보다 크고 180°보다 작은 각을 찾아봅니다.

직사각형 모양 색종이에서 각도 구하기

03 **❶**직사각형 모양의 색종이를 다음과 같이 접었습니다. / **❷**각 ㄱㅂㄷ의 크기를 구하시오.

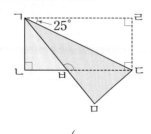

(   )

❶ 색종이를 접었을 때 접힌 부분의 각의 크기는 서로 같음을 이용하여 각 ㅂㄱㄷ의 크기를 구합니다.

❷ 사각형 ㄱㅂㄷㄹ의 네 각의 크기의 합은 360°임을 이용하여 각 ㄱㅂㄷ의 크기를 구합니다.

직각삼각형 2개 겹치기

04 ❶직각삼각형 2개를 다음과 같이 겹쳤습니다. / ❷각 ㄱㅂㄴ의 크기를 구하시오.

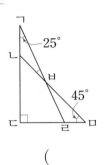

(   )

❶ 삼각형 ㄴㄷㅁ의 세 각의 크기의 합은 180°임을 이용하여 각 ㄷㄴㅁ의 크기를 구한 후 일직선은 180°임을 이용하여 각 ㄱㄴㅂ의 크기를 구합니다.

❷ 삼각형 ㄱㄴㅂ의 세 각의 크기의 합은 180°임을 이용하여 각 ㄱㅂㄴ의 크기를 구합니다.

둔각 찾기의 활용

05 ❸도형에서 각 ㄴㄱㄹ의 크기와 각 ㄹㄱㄷ의 크기가 같습니다. / ❶도형에서 둔각을 찾아 / ❹그 크기를 구하시오.

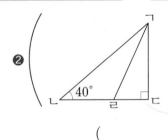

(   )

❶ 도형에서 각도가 직각보다 크고 180°보다 작은 각을 찾아봅니다.

❷ 삼각형 ㄱㄴㄷ의 세 각의 크기의 합은 180°임을 이용하여 각 ㄴㄱㄷ의 크기를 구합니다.

❸ (각 ㄴㄱㄹ)=(각 ㄹㄱㄷ)=(각 ㄴㄱㄷ)÷2

❹ 삼각형 ㄱㄴㄹ의 세 각의 크기의 합은 180°임을 이용하여 ❶의 크기를 구합니다.

삼각형 밖에 있는 각도 구하기의 활용

06 ❷각 ㄴㄱㄷ의 크기를 구하시오.

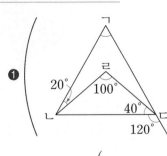

(   )

❶ 삼각형 ㄹㄴㄷ의 세 각의 크기의 합은 180°임을 이용하여 각 ㄹㄴㄷ의 크기를 구하고, 일직선은 180°임을 이용하여 각 ㄱㄷㄹ의 크기를 구합니다.

❷ 삼각형 ㄱㄴㄷ의 세 각의 크기의 합은 180°임을 이용하여 각 ㄴㄱㄷ의 크기를 구합니다.

모르는 각도 구하기

07
각 ㄱㅇㄷ의 크기를 구하시오.

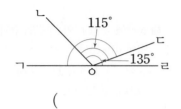

(   )

시계에서 예각과 둔각 알아보기

08
3시부터 30분 간격으로 5시까지의 시각 중
긴바늘과 짧은바늘이 이루는 작은 쪽의 각이
예각인 경우는 모두 몇 번입니까?

(   )

09
삼각형 ㉠과 ㉡의 두 각입니다. 나머지 한 각
이 둔각인 삼각형을 찾아 기호를 쓰시오.

㉠ 85°, 30°   ㉡ 40°, 45°

(   )

10
㉠과 ㉡의 각도의 합을 구하시오.

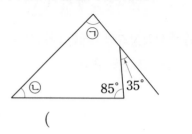

(   )

11
도형에서 8개의 각의 크기는 같습니다. 한 각
의 크기를 구하시오.

(   )

직사각형 모양 색종이에서 각도 구하기

12
직사각형 모양의 색종이를 다음과 같이 접었
습니다. 각 ㄴㅂㄹ의 크기를 구하시오.

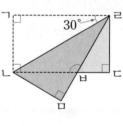

(   )

QR 코드를 찍어 **유사 문제**를 보세요.

직각삼각형 2개 겹치기

13 직각삼각형 2개를 다음과 같이 겹쳤습니다.
각 ㄱㅂㄴ의 크기를 구하시오.

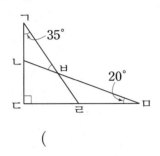

( )

둔각 찾기의 활용

14 도형에서 각 ㄴㄱㄹ의 크기와 각 ㄹㄱㄷ의 크기가 같습니다. 도형에서 둔각을 찾아 그 크기를 구하시오.

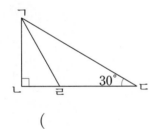

( )

15 직각 삼각자 2개를 다음과 같이 겹쳤습니다.
각 ㄹㅁㄷ의 크기를 구하시오.

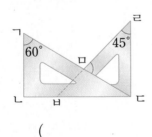

( )

16 ㉠, ㉡, ㉢의 각도의 합을 구하시오.

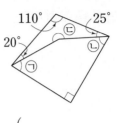

( )

삼각형 밖에 있는 각도 구하기의 활용

17 각 ㄴㄱㄷ의 크기를 구하시오.

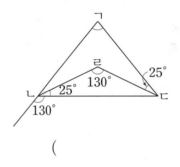

( )

18 다음을 보고 지금 시각을 구하시오.

- 긴바늘이 숫자 12를 가리킵니다.
- 1시간 후에는 긴바늘과 짧은바늘이 이루는 작은 쪽의 각이 직각입니다.
- 1시간 전에는 긴바늘과 짧은바늘이 이루는 작은 쪽의 각이 예각이었습니다.

( )

2

각
도

창의·융합

1 정사각형 모양의 색종이를 다음과 같이 접었습니다. ㉠과 ㉡의 각도의 합을 구하시오.

( )

색종이를 접었을 때 접힌 부분의 각의 크기는 서로 같습니다.

코딩

2 화살표의 약속에 따라 빈칸에 알맞은 각도를 써넣으시오.

화살표의 약속	
→	$+45°$
←	$-45°$
↓	$+60°$
↑	$-60°$

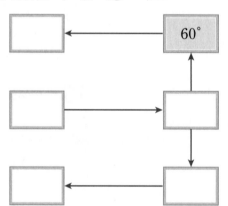

추론

3 삼각형의 한 변에 있는 세 각도의 합이 삼각형의 세 각의 크기의 합이 되도록 빈 곳에 알맞은 각도를 써넣으시오.

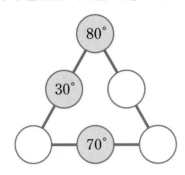

문제 해결

4 진호는 집에서 오후 3시에 출발하여 1시간 후에 할아버지 댁에 도착했습니다. 진호가 할아버지 댁에 도착했을 때의 시각을 시계에 나타내고 시곗바늘이 이루는 작은 쪽의 각도를 구하시오.

집에서 출발	할아버지 댁에 도착

시계가 3시를 가리킬 때 긴바늘과 짧은바늘이 이루는 작은 쪽의 각도는 직각입니다.

❶ 진호가 할아버지 댁에 도착했을 때의 시각을 위 시계에 나타내시오.

❷ 1시간 동안 짧은바늘이 움직이는 각도는 몇 도입니까?

(   )

❸ 진호가 할아버지 댁에 도착했을 때의 시각을 나타낸 시계에서 긴바늘과 짧은바늘이 이루는 작은 쪽의 각도는 몇 도입니까?

(   )

1

| HME 21번 문제 수준 |

㉠, ㉡, ㉢의 각도의 합을 구하시오.

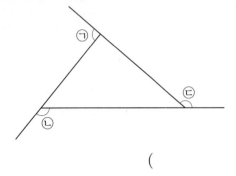

(   )

◇ 일직선은 180°이고 삼각형의 세 각의 크기의 합은 180°입니다.

2

| HME 22번 문제 수준 |

직각삼각형 모양의 색종이를 다음과 같이 접었습니다. 각 ㄱㅁㅂ의 크기를 구하시오.

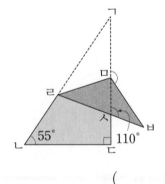

(   )

3

| HME 23번 문제 수준 |

180°를 크기가 같은 각 12개로 나누었습니다. 그림에서 찾을 수 있는 크고 작은 예각과 둔각은 각각 몇 개입니까?

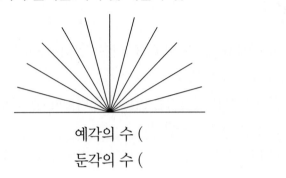

예각의 수 (　　　　　　　)

둔각의 수 (　　　　　　　)

4

| HME 24번 문제 수준 |

민준이는 오후 2시에 숙제를 시작하여 짧은바늘이 55°만큼 움직였을 때 숙제를 끝냈습니다. 민준이가 숙제를 끝낸 시각은 오후 몇 시 몇 분입니까?

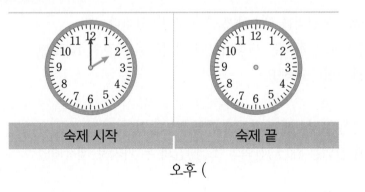

| 숙제 시작 | 숙제 끝 |

오후 (　　　　　　　)

◇ 1시간 동안 짧은바늘은 30°만큼 움직이고, 긴바늘은 360°만큼 움직인다는 것을 이용합니다.

각도와 관련된 재미있는 이야기

조선 시대에도 각도기가 있었을까요?

우리는 각도기가 있어서 아주 편리하게 각도를 잴 수 있고 또 어떤 각도든 원하는 대로 그릴 수 있어요. 그럼 옛날에도 각도기가 있었을까요?

조선 시대에는 지금 우리가 사용하는 것과 똑같은 각도기는 아니지만 비슷한 구조의 기구가 있었어요. 바로 '간의(簡儀)'라 불리는 천문 관측 기구랍니다.

간의는 해시계, 물시계, 혼천의(천문 시계)와 함께 조선의 천문대에 설치되어 있는 중요한 관측기기였다고 해요.

▲ 혼천의

▲ 소간의

그 구조가 오늘날의 각도기와 비슷했고 혼천의를 간소하게 만든 것이었답니다.

간의는 조선 시대의 가장 훌륭한 왕으로 손꼽히는 세종대왕이 재위하던 시절인 1432년 (세종 14년) 장영실에 의해 처음 만들어졌다고 해요.

조선 시대의 최고의 과학자였던 장영실은 처음에는 나무로 간의를 만들었어요.

그리고 1437년(세종 19년)에 완성된 간의는 대(大)간의와 소(小)간의 두 가지로 제작되었다고 해요.

소간의는 대간의를 축소하여 가지고 다닐 수 있도록 작게 만든 형태였다고 합니다.

3

곱셈과 나눗셈

학습 계획표

계획표대로 공부했으면 ○표, 못했으면 △표 하세요.

내용	쪽수	날짜	확인
잘 틀리는 실력 유형	34~35쪽	월 일	
다르지만 같은 유형	36~37쪽	월 일	
응용 유형	38~41쪽	월 일	
사고력 유형	42~43쪽	월 일	
최상위 유형	44~45쪽	월 일	

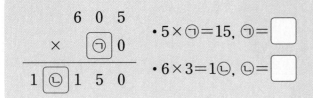

유형 01 ☐ 안에 알맞은 수 구하기(1)

$$
\begin{array}{ccccc}
 & 6 & 0 & 5 \\
\times & & ⑦ & 0 \\
\hline
1 & ⑥ & 1 & 5 & 0 \\
\end{array}
$$

• $5 \times ⑦ = 15$, $⑦ = \boxed{}$

• $6 \times 3 = 1⑥$, $⑥ = \boxed{}$

01 ☐ 안에 알맞은 수를 써넣으시오.

$$
\begin{array}{ccccc}
 & 4 & 0 & 8 \\
\times & & \boxed{} & 0 \\
\hline
2 & \boxed{} & 4 & 0 & 0 \\
\end{array}
$$

02 ☐ 안에 알맞은 수를 써넣으시오.

$$
\begin{array}{ccccc}
 & \boxed{} & 5 & 0 \\
\times & & \boxed{} & 2 \\
\hline
 & & 3 & 0 & 0 \\
1 & 0 & 5 & \boxed{} \\
\hline
1 & 0 & 8 & \boxed{} & 0 \\
\end{array}
$$

03 ☐ 안에 알맞은 수를 써넣으시오.

$$
\begin{array}{ccccc}
 & 3 & 8 & \boxed{} \\
\times & & \boxed{} & 6 \\
\hline
2 & 3 & 1 & 0 \\
\boxed{} & 9 & 2 & 5 \\
\hline
\boxed{} & 1 & 5 & 6 & 0 \\
\end{array}
$$

유형 02 ☐ 안에 알맞은 수 구하기(2)

$$
\begin{array}{r}
⑦\,4 \\
29\,\overline{)\,⑥\,9\,2\,} \\
8\,7 \\
\hline
1\,2\,2 \\
⑤\,⑭\,6 \\
\hline
6 \\
\end{array}
$$

• $29 \times ⑦ = 87$,

$⑦ = \boxed{}$

• $⑥92 - 870 = 122$,

$⑥ = \boxed{}$

• $29 \times 4 = ⑤⑭6$,

$⑤ = \boxed{}$, $⑭ = \boxed{}$

04 ☐ 안에 알맞은 수를 써넣으시오.

$$
\begin{array}{r}
\boxed{}\,\boxed{} \\
17\,\overline{)\,\boxed{}\,9\,\boxed{}\,} \\
8\,5 \\
\hline
4\,\boxed{} \\
\boxed{}\,4 \\
\hline
1\,5 \\
\end{array}
$$

05 ☐ 안에 알맞은 수를 써넣으시오.

$$
\begin{array}{r}
\boxed{}\,\boxed{} \\
5\boxed{}\,\overline{)\,7\,\boxed{}\,8\,} \\
5\,2 \\
\hline
1\,9\,\boxed{} \\
1\,5\,\boxed{} \\
\hline
4\,2 \\
\end{array}
$$

QR 코드를 찍어 **동영상 특강**을 보세요.

유형 **03** 나누어지는 수와 나머지의 관계

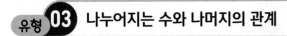

■ ÷ ▲ = ● ⋯ ★

나누어지는 수　　　　나머지

나머지(★)가 될 수 있는 수: 0, 1, 2⋯⋯(▲−1)

나누는 수보다 1 작은 수

➜ ■가 가장 클 때는 ★이 ☐ 일 때이고,

　■가 가장 작을 때는 ★이 ☐ 일 때입니다.

06 나눗셈식에서 ■가 될 수 있는 수 중 가장 큰 수를 구하시오. (단, ■는 자연수입니다.)

■ ÷ 25 = 7 ⋯ ★

(　　　　　　　)

07 나눗셈식에서 ■가 될 수 있는 수 중 가장 작은 수를 구하시오. (단, ■는 자연수입니다.)

■ ÷ 11 = 9 ⋯ ♥

(　　　　　　　)

08 나눗셈식에서 ■가 될 수 있는 수 중 가장 큰 수와 가장 작은 수를 차례로 쓰시오. (단, ■는 자연수입니다.)

■ ÷ 20 = 14 ⋯ ♣

(　　　　　), (　　　　　)

유형 **04** 새 교과서에 나온 활동 유형

[09~10] 제품을 만들 때부터 제품이 버려질 때까지 들어가는 모든 물의 양을 나타낸 것을 물 발자국이라고 합니다. 다음 물 발자국을 보고 물음에 답하시오.

사과 1개　125 L　　바나나 1개　160 L

달걀 1개　196 L　　우유 1잔　255 L

09 수빈이네 반 학생은 20명입니다. 수빈이네 반 학생 한 명이 사과 1개와 달걀 1개씩 먹었습니다. 수빈이네 반의 물 발자국은 몇 L인지 구하시오.

(　　　　　　　)

10 현민이네 반 학생은 23명입니다. 현민이네 반 학생 한 명이 바나나 1개와 우유 1잔씩 먹었습니다. 현민이네 반의 물 발자국은 몇 L인지 구하시오.

(　　　　　　　)

3 곱셈과 나눗셈

유형 01 곱하는 수 구하기

01 ☐ 안에 알맞은 수를 써넣으시오.

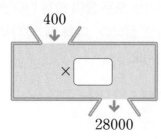

400
× ☐
28000

02 60에 어떤 수를 곱했더니 36000이 되었습니다. 어떤 수를 구하시오.

( )

🖊️서술형

03 종이가 한 상자에 500장씩 들어 있습니다. 전체 종이 수가 45000장이라면 종이가 들어 있는 상자 수는 몇 개인지 풀이 과정을 쓰고 답을 구하시오.

[풀이]

_____

_____

_____

_____

[답]

유형 02 나누어지는 수 구하기

04 다음을 보고 어떤 수를 구하시오.

어떤 수를 15로 나누었더니
몫이 49이고
나머지가 10이었어.

( )

05 오른쪽 나눗셈의 몫은 16이고 나머지가 4였습니다. ☐ 안에 알맞은 수를 구하시오.

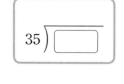

35) ☐

( )

🖊️서술형

06 대화를 읽고 처음 상자 안에 들어 있던 귤은 몇 개인지 풀이 과정을 쓰고 답을 구하시오.

> 엄마: 재석아! 상자 안에 든 귤을 한 봉지에 25개씩 담아 줄래?
> 재석: 네! 모두 12봉지에 담고 2개가 남았어요.

[풀이]

_____

_____

_____

[답]

 QR 코드를 찍어 **동영상 특강**을 보세요.

유형 03 **전체 수 구하기**

07 귤과 토마토가 각각 다음과 같이 있습니다. 귤과 토마토는 모두 몇 개입니까?

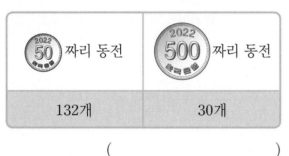

귤	토마토
50개씩 120상자	35개씩 180상자

(   )

08 지민이의 저금통에 들어 있는 동전입니다. 모두 얼마입니까?

50 짜리 동전	500 짜리 동전
132개	30개

(   )

서술형

09 음악회의 입장료는 어른이 900원, 어린이가 500원입니다. 어른과 어린이가 각각 60명씩 입장했다면 입장료는 모두 얼마인지 풀이 과정을 쓰고 답을 구하시오.

[풀이]

_____

_____

_____

[답] _____

유형 04 **단위 바꾸기**

10 ☐ 안에 알맞은 수를 써넣으시오.

(1) 500초= ☐분 ☐초

(2) 155분= ☐시간 ☐분

11 685초는 몇 분 몇 초인지 구하시오.

(   )

12 민지는 기차를 타고 집에서 할아버지 댁까지 가는 데 177분이 걸렸다고 합니다. 걸린 시간은 몇 시간 몇 분입니까?

(   )

서술형

13 250시간은 며칠 몇 시간인지 풀이 과정을 쓰고 답을 구하시오.

[풀이]

_____

_____

_____

[답] _____

3

곱셈과 나눗셈

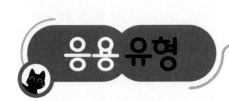

몫의 자리 수

01 ❶다음 나눗셈의 몫은 한 자리 수입니다. / ❷0부터 9까지의 수 중 ☐ 안에 들어갈 수 있는 수를 모두 구하시오.

$$53\overline{)5\ \square\ 7}$$

(   )

❶ (세 자리 수)÷(두 자리 수)의 몫의 자리 수를 생각해 봅니다.
❷ 나누어지는 수의 왼쪽 두 자리 수와 나누는 수를 비교하여 ☐ 안에 들어갈 수를 찾아봅니다.

☐ 안에 들어갈 수 있는 수

02 ❷☐ 안에 들어갈 수 있는 두 자리 수 중 가장 작은 수를 구하시오.

$$❶\ 200 \times \boxed{} > 3500$$

(   )

❶ 곱셈 결과가 3500보다 크게 되는 ☐를 어림해 봅니다.
❷ ❶에서 찾은 수 중 가장 작은 수를 구합니다.

필요한 가로등의 수

03 ❶길이가 540 m인 직선 도로의 한쪽에 처음부터 끝까지 45 m 간격으로 가로등을 세우려고 합니다. / ❷가로등은 모두 몇 개 필요합니까? (단, 가로등의 두께는 생각하지 않습니다.)

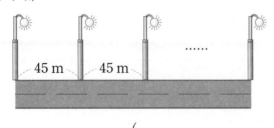

(   )

❶ 가로등 사이의 간격 수를 구합니다.
❷ 필요한 가로등의 수를 구합니다.

가장 큰 곱 만들기

04 **❶**수 카드 5장을 한 번씩 모두 사용하여 곱이 가장 큰 (세 자리 수)×(두 자리 수)를 만들고 / **❷**계산해 보시오.

➡ ☐☐☐ × ☐☐ = ☐☐☐☐☐

❶ 수의 크기가 ①<②<③<④<⑤일 때 곱이 가장 큰 곱셈식은 다음과 같이 큰 수부터 차례로 놓습니다.

❷ ❶에서 만든 곱셈식을 계산합니다.

가장 작은 곱 만들기

05 **❶**수 카드 5장을 한 번씩 모두 사용하여 곱이 가장 작은 (세 자리 수)×(두 자리 수)를 만들고 / **❷**계산해 보시오.

➡ ☐☐☐ × ☐☐ = ☐☐☐☐☐

❶ 수의 크기가 ①<②<③<④<⑤일 때 곱이 가장 작은 곱셈식은 다음과 같이 작은 수부터 차례로 놓습니다.

❷ ❶에서 만든 곱셈식을 계산합니다.

바르게 계산한 값 구하기

06 **❷**어떤 수를 20으로 나누어야 할 것을 / **❶**잘못하여 12로 나누었더니 몫이 48이고 나머지가 4였습니다. / **❷**바르게 계산한 값을 구하시오.

(　　　　　　　　)

❶ 어떤 수를 ☐라 하고 식을 세워 어떤 수를 구합니다.
❷ 바르게 계산한 값을 구합니다.

3

곱셈과 나눗셈

몫의 자리 수

07 다음 나눗셈의 몫은 두 자리 수입니다. 0부터 9까지의 수 중 ☐ 안에 들어갈 수 있는 수를 모두 구하시오.

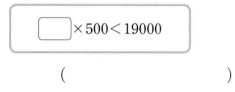

( )

☐ 안에 들어갈 수 있는 수

08 ☐ 안에 들어갈 수 있는 두 자리 수 중 가장 큰 수를 구하시오.

$$☐ × 500 < 19000$$

( )

09 수 카드 5장을 한 번씩 모두 사용하여 몫이 가장 큰 (세 자리 수)÷(두 자리 수)를 만들고 계산해 보시오.

→ ☐ ÷ ☐ = ☐ ⋯ ☐

필요한 가로등의 수

10 길이가 270 m인 직선 도로의 양쪽에 처음부터 끝까지 18 m 간격으로 가로등을 세우려고 합니다. 가로등은 모두 몇 개 필요합니까?
(단, 가로등의 두께는 생각하지 않습니다.)

( )

11 진주가 친구들에게 초콜릿을 나누어 주려고 합니다. 남지 않게 나누어 주려면 초콜릿은 적어도 몇 개 더 필요합니까?

초콜릿이 한 상자에 10개씩 22상자 있는데 13명에게 똑같이 나누어 줄 거야.

진주

( )

12 무게가 같은 공이 들어 있는 상자의 무게는 330 g입니다. 빈 상자의 무게가 40 g이고, 공 한 개의 무게가 58 g일 때 상자 속에 들어 있는 공은 몇 개입니까?

( )

QR 코드를 찍어 **유사 문제**를 보세요.

가장 큰 곱 만들기

13 수 카드 5장을 한 번씩 모두 사용하여 곱이 가장 큰 (세 자리 수)×(두 자리 수)를 만들고 계산해 보시오.

동영상

→ ☐ × ☐ = ☐

가장 작은 곱 만들기

14 수 카드 5장을 한 번씩 모두 사용하여 곱이 가장 작은 (세 자리 수)×(두 자리 수)를 만들고 계산해 보시오.

동영상

→ ☐ × ☐ = ☐

바르게 계산한 값 구하기

15 어떤 수를 18로 나누어야 할 것을 잘못하여 28로 나누었더니 몫이 27이고 나머지가 18이었습니다. 바르게 계산한 값을 구하시오.

동영상

( )

16 다음을 보고 모형 로봇과 모형 드론을 만드는 데 사용한 블록의 수를 각각 구하시오.

동영상

- 모형 로봇과 모형 드론을 만드는 데 사용한 블록은 모두 532개입니다.
- 모형 로봇을 만드는 데 사용한 블록의 수는 모형 드론을 만드는 데 사용한 블록의 수의 13배입니다.

모형 로봇 ( )
모형 드론 ( )

17 390을 어떤 수로 나누었더니 몫이 27이고 나머지가 12였습니다. 어떤 수를 구하시오.

동영상

( )

18 다음 조건을 모두 만족하는 세 자리 수를 구하시오.

동영상

┌ 조건 ┐
- 각 자리 숫자의 합은 10입니다.
- 40으로 나누면 나머지가 5입니다.
- 백의 자리 숫자는 십의 자리 숫자보다 큽니다.
└────┘

( )

사고력 유형

1 두 원의 수의 곱을 두 원이 겹치는 부분에 써놓았습니다. ㉠에 알맞은 수를 구하시오.

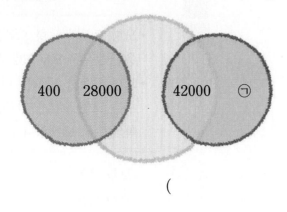

(   )

가운데 원의 수를 먼저 구해야 해.

2 → 방향, ↓ 방향, ↘ 방향, ↙ 방향에 있는 세 수의 곱이 모두 같도록 빈칸에 알맞은 수를 써넣으시오.

	128	64
	32	
16	8	256

추론

3

보기 와 같이 상자에 빨간색 공과 파란색 공을 넣으면 상자의 규칙에 따라 새로운 공이 나옵니다. 공에 알맞은 수를 각각 써넣으시오.

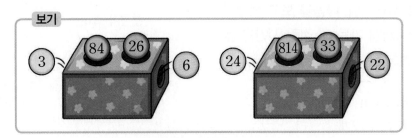

문제 해결

4

A가 될 수 있는 세 자리 수 중에서 가장 큰 수를 구하시오. (단, ♥는 같은 수입니다.)

$$A \div 45 = ♥ \cdots ♥$$

(　　　　　　　　　　)

3

곱셈과 나눗셈

♥에
여러 가지 수를
넣어서 계산해 봐.

1

| HME 18번 문제 수준 |

헨젤은 집으로 돌아가는 길을 잃지 않기 위해 집에서 숲속까지 같은 간격으로 바닥에 빵 조각을 한 개씩 놓았습니다. 다음을 보고 헨젤이 일정한 빠르기로 쉬지않고 집에서 숲속까지 가는 데 걸린 시간은 몇 분인지 구하시오. (단, 시작점과 끝점에도 빵 조각을 놓았습니다.)

- 빵 조각 사이의 간격: 15 m
- 바닥에 놓은 빵 조각 수: 377개
- 헨젤이 1분 동안 가는 거리: 60 m

(   )

△ (집에서 숲속까지의 거리)

= (빵 조각 사이의 간격)

× (빵 조각 사이의 간격 수),

(집에서 숲속까지 가는 데 걸린 시간)

= (집에서 숲속까지의 거리)

÷ (1분 동안 가는 거리)

2

| HME 21번 문제 수준 |

민재가 한 자리 수를 생각하고 다음과 같은 순서로 계산하였을 때 ③에서 구한 몫은 얼마입니까?

① 생각한 수의 오른쪽에 4를 덧붙여 쓰고 2를 더합니다.
② ①에서 구한 수의 오른쪽에 5를 덧붙여 쓰고 10을 더합니다.
③ ②에서 구한 수를 13으로 나누면 나누어떨어집니다.

(   )

△ 1부터 9까지의 수를 순서에 따라 계산 해 보면서 알맞은 수를 찾습니다.

3

| HME 22번 문제 수준 |

상자 안에 사탕이 들어 있습니다. 이 사탕을 40개씩 포장하면 34개가 남고, 70개씩 포장하면 54개가 남고, 90개씩 포장하면 34개가 남습니다. 상자 안에 들어 있는 사탕은 적어도 몇 개입니까?

(   )

4

| HME 23번 문제 수준 |

민서의 할아버지는 닭을 사러 시장에 갔습니다. 암탉은 한 마리에 5000원, 수탉은 한 마리에 4000원, 병아리는 세 마리에 1000원입니다. 100000원을 모두 사용하여 99마리를 사려고 합니다. 암탉, 수탉, 병아리 모두 적어도 한 마리씩은 사야 하고 가능한 암탉을 많이 사려고 할 때, 암탉은 몇 마리를 살 수 있는지 구하시오. (단, 병아리는 세 마리 단위로 판매합니다.)

(   )

곱셈을 도와주는 네이피어의 막대

내가 만든 발명품 네이피어 계산봉은 아주 유용했죠.

17세기 스코틀랜드의 유명한 수학자 존 네이피어는 현대 수학의 바탕을 마련했어요. 그는 곱셈을 편하게 할 수 있도록 네이피어의 막대(계산봉)를 발명한 것으로도 유명하답니다.

상인들은 아이보리나 나무 막대에 위의 그림과 같은 숫자를 새겨서 갖고 다니면서 곱셈을 할 때마다 사용했다고 해요. 이 막대를 이용하면 계산을 쉽게 할 수 있어요.

예를 들어 257×6을 계산한다면 2, 5, 7로 시작되는 세 막대를 나란히 놓고 6번째 줄에 있는 수를 확인해요. 그리고 대응하는 숫자들을 더하여 계산하면 된답니다.

$$
\begin{array}{r}
1\,3\,4 \\
+\quad 2\,0\,2 \\
\hline
1\,5\,4\,2
\end{array}
$$

네이피어의 막대를 이용하면 6497×3이 19491이란 걸 쉽게 알 수 있어.

우와~ 신기하네!

4

평면도형의 이동

유형 01 같은 방향으로 여러 번 뒤집기

같은 방향으로 2번 뒤집은 도형은 처음 도형과 같음을 이용하여 여러 번 뒤집은 횟수를 줄입니다.

(오른쪽으로 5번 뒤집은 도형)

=(오른쪽으로 [ ]번 뒤집은 도형)

01 도형을 오른쪽으로 2번 뒤집었을 때의 도형을 그려 보시오.

처음 도형

움직인 도형

02 도형을 아래쪽으로 4번 뒤집었을 때의 도형을 그려 보시오.

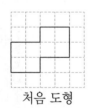
처음 도형

움직인 도형

03 도형을 왼쪽으로 7번 뒤집었을 때의 도형을 그려 보시오.

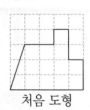
처음 도형

움직인 도형

유형 02 같은 방향으로 여러 번 돌리기

→ 90°만큼 4번 돌린 도형과 같습니다.

같은 방향으로 360°만큼 돌린 도형은 처음 도형과 같음을 이용하여 여러 번 돌린 횟수를 줄입니다.

(시계 방향으로 90°만큼 9번 돌린 도형)

=(시계 방향으로 90°만큼 [ ]번 돌린 도형)

04 도형을 시계 방향으로 90°만큼 4번 돌렸을 때의 도형을 그려 보시오.

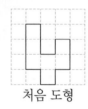
처음 도형

움직인 도형

05 도형을 시계 반대 방향으로 90°만큼 5번 돌렸을 때의 도형을 그려 보시오.

처음 도형

움직인 도형

06 도형을 시계 방향으로 90°만큼 3번 돌린 다음 다시 시계 방향으로 90°만큼 11번 돌렸을 때의 도형을 그려 보시오.

처음 도형

움직인 도형

QR 코드를 찍어 **동영상 특강**을 보세요.

4 평면도형의 이동

유형 03 도형의 이동 방법

   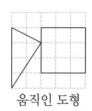

처음 도형   움직인 도형

도형을 시계 반대 방향으로 ☐°만큼 돌리고

☐쪽으로 뒤집었습니다.

07 도형을 움직인 방법을 바르게 설명한 사람은 누구입니까?

처음 도형   움직인 도형

민우: 시계 방향으로 90°만큼 돌리고 오른쪽으로 뒤집었어.

혜미: 오른쪽으로 뒤집고 시계 방향으로 90°만큼 돌렸어.

(   )

08 ☐ 안에 알맞은 수나 말을 써넣어 도형을 움직인 방법을 완성하시오.

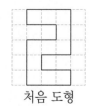   

처음 도형   움직인 도형

처음 도형을 ☐쪽으로 뒤집고 시계 반대

방향으로 ☐°만큼 돌렸습니다.

유형 04 새 교과서에 나온 활동 유형

[09~10] 다음 모양을 이용하여 가상 현실에 있는 방의 벽과 바닥에 무늬를 꾸미려고 합니다. 물음에 답하시오.

서술형

09 어떤 규칙으로 벽에 무늬를 꾸몄는지 써 보시오.

[규칙]

_____

_____

서술형

10 어떤 규칙으로 바닥에 무늬를 꾸몄는지 써 보시오.

[규칙]

_____

_____

다르지만 같은 유형

유형 01 도장 새기기

01 도장에 다음과 같이 글자를 새겼습니다. 이 글자를 종이에 찍으면 어떤 글자가 되는지 그려 보시오.

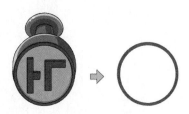

02 오른쪽 모양이 찍히도록 도장에 모양을 새기려고 합니다. 왼쪽 도장에 새겨야 할 모양을 그려 보시오.

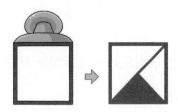

03 오른쪽과 같은 도장을 책의 왼쪽에 찍은 다음 책을 덮었다 폈습니다. 책의 양쪽에 만들어지는 수를 각각 그려 보시오.

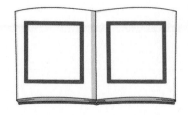

유형 02 처음 도형 알아보기

04 도형을 오른쪽으로 뒤집었더니 오른쪽 도형이 되었습니다. 처음 도형을 그려 보시오.

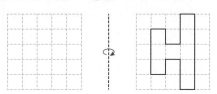

05 어떤 글자를 시계 반대 방향으로 180°만큼 돌렸더니 다음과 같이 '곰'이 되었습니다. 처음 글자를 그려 보시오.

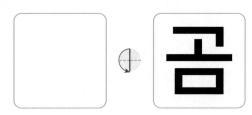

06 어떤 도형을 시계 방향으로 90°만큼 7번 돌린 도형이 오른쪽과 같습니다. 처음 도형을 그려 보시오.

처음 도형   움직인 도형

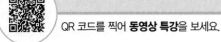
QR 코드를 찍어 **동영상 특강**을 보세요.

유형 **03** 퍼즐 문제

07 칠교판의 빈 곳에 오른쪽 조각을 꼭 맞게 넣어 칠교판을 완성하려고 합니다. 조각을 어떻게 움직여야 할지 ◯ 안에 알맞은 각도를 써넣으시오.

시계 방향으로 ◻ 만큼 돌려서 넣습니다.

08 밀기, 뒤집기, 돌리기를 이용하여 퍼즐의 빈 곳에 들어갈 수 있는 조각을 찾아 기호를 쓰시오.

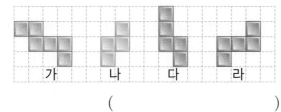

( )

서술형

09 퍼즐의 빈 곳에 오른쪽 조각을 꼭 맞게 넣어 퍼즐을 완성하려고 합니다. 조각을 어떻게 움직여야 할지 쓰시오.

_____

_____

유형 **04** 규칙 찾기

10 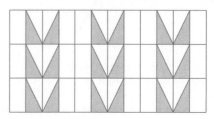 모양을 이용하여 규칙적인 무늬를 만들었습니다. 무늬를 만든 방법을 완성해 보시오.

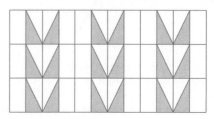 모양을 (오른쪽 , 아래쪽)으로 뒤집어서 무늬를 만들었습니다.

11 규칙에 따라 도형을 움직인 것입니다. 빈 곳에 알맞은 도형을 그려 보시오.

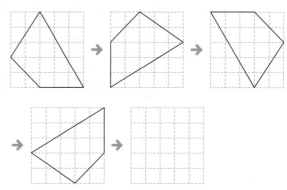

12 다음 중 돌리기를 이용하여 아래와 같은 무늬를 만들 수 있는 모양을 찾아 기호를 쓰시오.

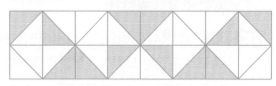

가   나   다

( )

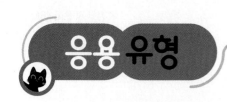
평면도형 돌리고 뒤집기

01 ❶도형을 시계 방향으로 270°만큼 2번 돌리고 / ❷아래쪽으로 2번 뒤집은 도형을 그려 보시오.

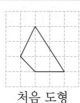
처음 도형

움직인 도형

❶ 시계 방향으로 360°만큼 돌린 도형은 처음 도형과 같음을 이용하여 돌리는 각도를 간단히 합니다.

❷ 아래쪽으로 2번 뒤집은 도형은 처음 도형과 같음을 이용하여 도형을 그립니다.

수 돌리기

02 ❶다음 4장의 수 카드 중 3장을 골라 한 번씩만 사용하여 가장 큰 세 자리 수를 만들었습니다. / ❷이 수를 시계 방향으로 180°만큼 돌렸을 때 만들어지는 수를 구하시오.

(   )

❶ 가장 큰 수부터 차례로 백의 자리, 십의 자리, 일의 자리에 놓아 가장 큰 세 자리 수를 만듭니다.

❷ 만든 수를 시계 방향으로 180°만큼 돌립니다.

글자 뒤집기, 돌리기

03 다음 중 ❶시계 방향으로 180°만큼 돌린 모양과 / ❷왼쪽으로 뒤집은 모양이 / ❸같은 글자를 모두 찾아 쓰시오.

ㄴ ㄷ ㄹ ㅁ ㅂ ㅍ

(   )

❶ 글자를 시계 방향으로 180°만큼 돌린 모양을 알아봅니다.

❷ 글자를 왼쪽으로 뒤집은 모양을 알아봅니다.

❸ ❶과 ❷의 모양이 같은 글자를 찾습니다.

처음 도형과 바르게 움직인 도형 알아보기

04 ❷어떤 도형을 위쪽으로 뒤집어야 할 것을 / ❶잘못하여 오른쪽으로 뒤집었더니 다음과 같은 도형이 되었습니다. / ❶처음 도형과 / ❷바르게 움직였을 때의 도형을 각각 그려 보시오.

잘못 움직인 도형

처음 도형   바르게 움직인 도형

❶ 잘못 움직인 도형을 왼쪽으로 뒤집으면 처음 도형이 됩니다.

❷ 바르게 움직였을 때의 도형은 처음 도형을 위쪽으로 뒤집은 도형입니다.

조각으로 직사각형 만들기

05 ❶주어진 조각을 모두 사용하여 밀기, 뒤집기, 돌리기를 이용하여 / ❷직사각형을 만들어 보시오.

(1)

   →

(2)

❶ 조각 1개를 골라 밀기, 뒤집기, 돌리기를 이용하여 넣어 봅니다.

❷ 남은 빈 공간을 나머지 조각 2개를 이용하여 채울 수 있는지 살펴봅니다.

4

평면도형의 이동

06 다음은 진주가 물구나무서기를 하여 본 수의 모습입니다. 원래 수는 무엇입니까?

(   )

평면도형 돌리고 뒤집기

07 도형을 시계 반대 방향으로 180°만큼 3번 돌리고 오른쪽으로 2번 뒤집은 도형을 그려 보시오.

처음 도형   움직인 도형

08 오른쪽 모양을 이용하여 규칙적인 무늬를 만들었습니다. 빈 곳에 알맞은 모양을 그려 보시오.

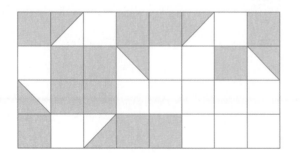

수 돌리기

09 다음 4장의 수 카드 중 3장을 골라 한 번씩만 사용하여 가장 작은 세 자리 수를 만들었습니다. 이 수를 시계 방향으로 180°만큼 돌렸을 때 만들어지는 수를 구하시오.

(   )

서술형

10 왼쪽 도형을 2번 움직여서 오른쪽 도형을 얻었습니다. 도형을 어떻게 움직였는지 서로 다른 2가지 방법으로 설명해 보시오.

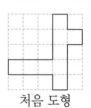   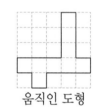

처음 도형   움직인 도형

[방법1]
_____

_____

[방법2]
_____

_____

글자 뒤집기, 돌리기

11 다음 중 시계 방향으로 180°만큼 돌린 모양과 위쪽으로 뒤집은 모양이 같은 글자를 모두 찾아 쓰시오.

ㄱ ㄹ ㅁ ㅇ ㅌ ㅍ

(   )

● 정답 및 풀이 **47**쪽

QR 코드를 찍어 **유사 문제**를 보세요.

4

평면도형의 이동

12 민기가 저녁 동안 숙제를 했습니다. 6시 20분부터 숙제를 시작하여 거울에 비친 시계가 다음과 같을 때 끝냈습니다. 민기가 숙제를 하는 데 걸린 시간은 몇 시간 몇 분입니까?

(　　　　　　)

13 다음 수 카드를 오른쪽으로 뒤집었을 때 만들어지는 수와 아래쪽으로 뒤집었을 때 만들어지는 수의 합을 구하시오.

(　　　　　　)

14 일정한 규칙으로 도형을 움직인 것입니다. 26째에 알맞은 도형을 그려 보시오.

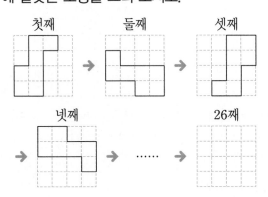

처음 도형과 바르게 움직인 도형 알아보기

15 어떤 도형을 위쪽으로 뒤집어야 할 것을 잘못하여 오른쪽으로 뒤집었더니 다음과 같은 도형이 되었습니다. 처음 도형과 바르게 움직였을 때의 도형을 각각 그려 보시오.

잘못 움직인 도형

처음 도형　　　　바르게 움직인 도형

16 어떤 도형을 위쪽으로 뒤집고 시계 방향으로 180°만큼 돌린 다음 왼쪽으로 뒤집은 도형이 오른쪽과 같습니다. 처음 도형을 그려 보시오.

처음 도형　　　　　움직인 도형

조각으로 직사각형 만들기

17 주어진 조각을 모두 사용하여 밀기, 뒤집기, 돌리기를 이용하여 직사각형을 만들어 보시오.

1 다음 도장을 여러 방향으로 찍었을 때 나올 수 있는 모양을 찾아 기호를 쓰시오.

ㄱ ㄴ ㄷ

( )

2 자동차들을 앞과 뒤로만 밀어 빨간색 자동차가 노란색 위치에 오도록 하려고 합니다. ☐ 안에 알맞은 수나 말을 써넣으시오.

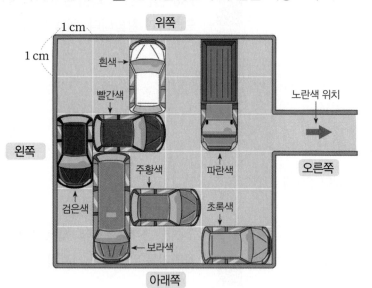

빨간색 자동차를 파란색 자동차가 막고 있고, 파란색 자동차를 이동하려면 초록색 자동차를 움직여야 해요.

① ☐색 자동차를 ☐쪽으로 ☐cm 밉니다.

② ☐색 자동차를 ☐쪽으로 ☐cm 밉니다.

③ ☐색 자동차를 ☐쪽으로 ☐cm 밉니다.

문제 해결

3

예은이는 다음과 같이 쓰여진 종이 위에 거울을 대어 보았습니다. 거울에 비친 모습을 바르게 그려 넣고 계산하시오.

(1)

(2)

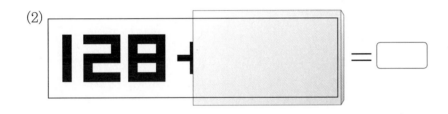   =

거울이 위쪽에 있으면 위쪽으로 뒤집고, 거울이 오른쪽에 있으면 오른쪽으로 뒤집어요.

문제 해결

4

검은색 바둑돌 10개로 삼각형 모양을 만들었습니다. 이 모양을 시계 반대 방향으로 180°만큼 돌렸을 때의 모양으로 만들려면 바둑돌을 적어도 몇 개 움직여야 합니까?

(   )

1

| HME 19번 문제 수준 |

도형을 오른쪽으로 15번 뒤집고 시계 방향으로 90°만큼 18번 돌렸을 때의 도형이 다음과 같습니다. 처음 도형을 그려 보시오.

처음 도형

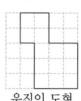
움직인 도형

◇ •(같은 방향으로 2번, 4번, 6번…… 뒤

　집은 도형)=(처음 도형)

•(같은 방향으로 90°만큼 4번, 8번, 12번

　…… 돌린 도형)=(처음 도형)

2

| HME 20번 문제 수준 |

다음과 같이 디지털 숫자 3을 와 같이 돌리면 수가 되지 않지만,

6을 와 같이 돌리면 9로 수가 됩니다.

0부터 9까지의 디지털 숫자 중 와 같이 돌려도 수가 되는 숫자를 각각 한 번씩만 사용하여 세 자리 수를 만들고 있습니다. 만들 수 있는 가장 큰 세 자리 수와 가장 작은 세 자리 수를 각각 와 같이 돌렸을 때 만들어지는 두 수의 합은 얼마인지 구하시오.

0123456789

(　　　　　　　　　　)

3

| HME 20번 문제 수준 |

다음은 크기가 같은 정사각형 5개를 변끼리 붙여서 만든 모양입니다. 이 모양에 크기가 같은 정사각형을 하나 더 붙여서 만들 수 있는 모양은 모두 몇 가지인지 구하시오. (단, 돌리거나 뒤집었을 때 같은 모양은 한 가지로 생각하고 정사각형의 변끼리 붙여야 합니다.)

◇ 주어진 모양의 모든 변에 정사각형을 붙여 봅니다.

(   )

4

| HME 22번 문제 수준 |

주어진 모양을 현준이는 와 같이 돌리고 아래쪽으로 뒤집은 다음 다시 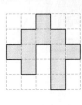와 같이 돌렸고, 승기는 위쪽으로 뒤집고 와 같이 돌린 다음 다시 오른쪽으로 뒤집었습니다. 현준이와 승기가 각자 움직인 도형을 모눈종이에 그린 후 두 모눈종이를 완전히 겹쳐 보았을 때 두 사람이 색칠한 부분 중 겹치는 칸은 모두 몇 칸인지 구하시오.

현준   승기

(   )

평면도형의 이동

4

신기한 미술 속의 수학

도형으로 빈틈없이 공간을 메운, 에셔

네덜란드의 판화가 에셔(1898~1972)는 동일한 모양을 이용해 틈이나 포개짐이 없이 평면이나 공간을 완전히 덮는 방법을 사용해 작품을 만들었어요.

같은 모양을 빈틈없이 채우는 이런 방법을 전문 용어로 '테셀레이션', 우리말로는 '쪽매맞춤'이라고 부르는데 바닥에 깔린 타일이나 벽지 등에서 많이 볼 수 있어요. 테셀레이션에 바로 우리가 배운 밀기, 뒤집기, 돌리기의 기법이 쓰이고 있답니다.

선과 도형으로 세상을 표현한, 몬드리안

몬드리안(1872~1944)도 에셔처럼 네덜란드 출신이에요.

몬드리안은 초기에는 자연의 아름다움을 그대로 그리는 화가였어요. 자연을 자주 관찰하고 그리다 보니 자연 속에 있는 질서와 균형을 발견한 거예요. 나무는 세로 선으로, 바다는 가로 선으로 자연을 단순화시키는 그림을 그리기 시작했답니다.

몬드리안은 사물을 있는 그대로 그리는 것을 버리고 선과 사각형 그리고 빨강, 파랑, 노랑의 3원색과 검정색, 흰색으로 단순화시켰어요.

1930년에 완성한 '빨강, 파랑, 노랑의 구성'이 그의 대표 작품이 됐답니다.

5

막대그래프

유형 01 두 막대그래프에서 알 수 있는 내용

각 항목의 전체 학생 수를 구할 때는 두 막대 그래프에서 각각 알아본 후 더해야 합니다.

장소별 남학생 수   장소별 여학생 수

(명) 5 0
학생수／장소 | 놀이공원 | 박물관 | 고궁

(명) 5 0
학생수／장소 | 놀이공원 | 박물관 | 고궁

놀이공원의 학생 수: 5+☐=☐(명)

[01~03] 유형01의 막대그래프는 민아네 반 학생들이 현장 체험 학습으로 가고 싶은 장소를 조사하여 나타낸 것입니다. 물음에 답하시오.

01 박물관과 고궁의 학생 수를 각각 구하시오.

박물관 (   )

고궁 (   )

02 가장 많은 학생들이 가고 싶은 현장 체험 학습 장소는 어디입니까?

(   )

서술형
03 민아네 반 학생들의 현장 체험 학습 장소로 어디가 좋을지 쓰고, 그 이유를 써 보시오.

(   )

[이유]

유형 02 항목 수 구하기

(눈금 한 칸의 크기)=(나타내는 양)÷(칸 수)

• 눈금 5칸이 10명을 나타내는 막대그래프에서 8칸이 나타내는 수 구하기

(눈금 한 칸의 크기)=10÷☐=☐(명)

→ (눈금 8칸의 크기)=☐×8=☐(명)

04 정연이네 학교 4학년 학생들이 좋아하는 색깔을 조사하여 나타낸 막대그래프입니다. 파랑을 좋아하는 학생이 18명이라면 빨강을 좋아하는 학생은 몇 명입니까?

좋아하는 색깔별 학생 수

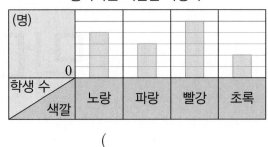

(명)				
0				
학생 수／색깔	노랑	파랑	빨강	초록

(   )

05 가게별로 팔린 사탕의 수를 조사하여 나타낸 막대그래프입니다. 다 가게에서 팔린 사탕의 수가 1700개일 때, 가와 나 가게에서 팔린 사탕의 수를 각각 구하시오.

가게별 팔린 사탕의 수

가	
나	
다	
가게／사탕 수	0 (개)

가 (   ), 나 (   )

QR 코드를 찍어 **동영상 특강**을 보세요.

유형 03 표와 막대그래프 완성하기

표의 빈 곳은 막대그래프의 내용을 보고, 막대 그래프의 빈 곳은 표의 내용을 보고 채웁니다.

좋아하는 음료수별 학생 수

음료수	우유	사이다	콜라	주스
학생 수(명)		6	3	4

└ 막대그래프에서 우유의 학생 수는 5명

좋아하는 음료수별 학생 수

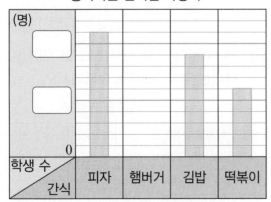

└ 표에서 사이다의 학생 수는 6명

[06~07] 윤호네 학교 4학년 학생들이 좋아하는 간식을 조사하여 나타낸 표와 막대그래프입니다. 물음에 답하시오.

좋아하는 간식별 학생 수

간식	피자	햄버거	김밥	떡볶이	합계
학생 수(명)		16	36		

좋아하는 간식별 학생 수

06 세로 눈금 한 칸은 몇 명을 나타냅니까?

(   )

07 표와 막대그래프를 완성하시오.

유형 04 새 교과서에 나온 활동 유형

08 진수네 학교 4학년 학예회에 오신 부모님의 수를 조사하여 나타낸 막대그래프입니다. 아버지 한 분과 어머니 한 분씩 짝지어 퀴즈를 풀려고 합니다. 가장 많은 팀을 만들 수 있는 반은 어느 반입니까?

학예회에 오신 부모님의 수

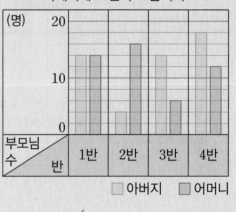

□ 아버지   □ 어머니

(   )

서술형

09 영호의 스마트폰 사용 시간과 독서 시간을 조사하여 나타낸 막대그래프입니다. 두 막대그래프를 보고 스마트폰 사용 시간과 독서 시간 사이에 어떤 관계가 있다고 생각하는지 써 보시오.

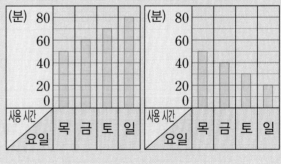

5

막대그래프

유형 01 조건에 알맞은 항목 찾기

01 과일별 100 g당 열량을 나타낸 막대그래프입니다. 100 g당 열량이 레몬보다 높고, 복숭아보다 낮은 과일은 무엇입니까?

과일별 100 g당 열량

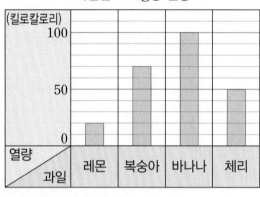

(   )

02 안나네 반 학생들이 좋아하는 꽃을 조사하여 나타낸 막대그래프입니다. 좋아하는 학생 수가 5명보다 많고 9명보다 적은 꽃을 모두 쓰시오.

좋아하는 꽃별 학생 수

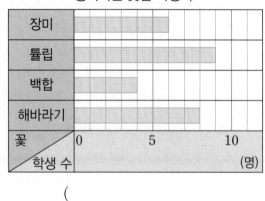

(   )

유형 02 눈금 한 칸의 크기가 다른 그래프

[03~04] 연주네 가게에 있는 과일 수를 조사하여 나타낸 막대그래프입니다. 물음에 답하시오.

종류별 과일 수

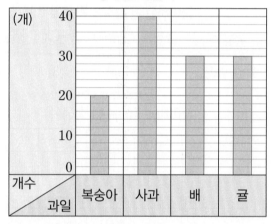

03 위 막대그래프를 세로 눈금 한 칸이 5개를 나타내는 막대그래프로 나타내시오.

종류별 과일 수

04 위 막대그래프를 세로 눈금 한 칸이 10개를 나타내는 막대그래프로 나타내시오.

종류별 과일 수

유형 03 합계 이용하는 문제

05 현수네 반 학생들이 좋아하는 장난감을 조사하여 나타낸 막대그래프입니다. 조사한 학생이 30명일 때, 막대그래프를 완성하시오.

좋아하는 장난감별 학생 수

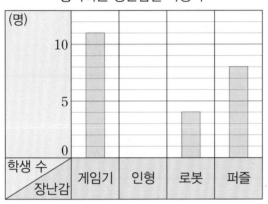

06 은영이네 반 학생들이 가고 싶은 나라를 조사하여 나타낸 막대그래프입니다. 조사한 학생이 25명일 때, 가장 적은 학생들이 가고 싶은 나라는 어디입니까?

가고 싶은 나라별 학생 수

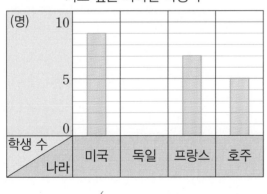

(   )

유형 04 항목 수 구하기

07 상미가 색깔별로 가지고 있는 옷의 수를 조사하여 나타낸 막대그래프입니다. 색깔별로 가지고 있는 옷의 수가 모두 같아지도록 옷을 더 사려고 합니다. 옷을 적어도 몇 벌 더 사야 합니까?

색깔별 옷의 수

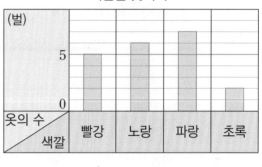

(   )

08 윤지가 가지고 있는 사탕의 수를 조사하여 나타낸 막대그래프입니다. 사탕 맛별로 가지고 있는 사탕의 수가 모두 같아지도록 사탕을 먹으려고 합니다. 사탕을 적어도 몇 개 먹어야 합니까?

종류별 사탕 수

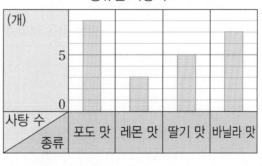

(   )

5

막대그래프

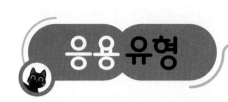

자료의 수 구하여 막대그래프 그리기

01 선생님께서 ❶다음 표와 같이 사탕을 나누어 주셨습니다. 세 친구들이 사탕을 각각 5개씩 먹었을 때 / ❷먹고 남은 사탕의 수를 막대그래프로 나타내시오.

❶ 표를 보고 각각 먹고 남은 사탕의 수를 구합니다.

❷ 그래프의 가로 눈금 한 칸의 크기를 구한 후 ❶에서 구한 남은 사탕의 수를 막대그래프로 나타냅니다.

선생님께서 주신 사탕의 수

이름	승우	미도	상훈
사탕의 수(개)	15	30	20

먹고 남은 사탕의 수

승우				
미도				
상훈				
이름 \ 사탕 수	0	10	20	30 (개)

눈금 한 칸의 크기 구하여 전체 수 구하기

02 린아네 학교 4학년 학생들이 읽은 책의 수를 조사하여 나타낸 막대그래프입니다. ❶1반 학생들이 읽은 책이 22권이라면 / ❷1반부터 4반까지 학생들이 읽은 책의 수는 모두 몇 권입니까?

❶ 1반 학생들이 읽은 책의 수를 이용하여 세로 눈금 한 칸의 크기를 구합니다.

❷ 반별 학생들이 읽은 책의 수를 구한 후 모두 더합니다.

반별 읽은 책의 수

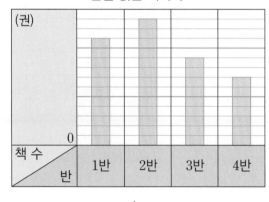

(   )

찢어진 막대그래프

03 ❶영완이네 반 학생 22명이 좋아하는 과목을 조사하여 나타낸 막대그래프입니다. / ❷사회를 좋아하는 학생은 국어를 좋아하는 학생보다 1명 더 적습니다. / ❸좋아하는 학생이 가장 많은 과목과 가장 적은 과목의 학생 수의 차를 구하시오.

좋아하는 과목별 학생 수

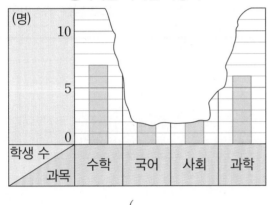

(　　　　　　　　　)

❶ 전체 학생 수, 수학과 과학의 학생 수를 이용하여 국어와 사회의 학생 수의 합을 구합니다.
❷ 국어와 사회의 학생 수를 각각 구합니다.
❸ 항목별 수의 크기를 비교하여 가장 큰 수와 가장 작은 수의 차를 구합니다.

막대그래프에서 필요한 내용 찾기

04 성지와 친구들의 집에서 학교까지의 거리를 조사하여 나타낸 막대그래프입니다. ❷은미가 5분에 200 m씩 걷는 빠르기로 / ❸오전 8시 30분까지 학교에 도착하려면 집에서 적어도 오전 몇 시 몇 분에 출발해야 합니까?

집에서 학교까지의 거리

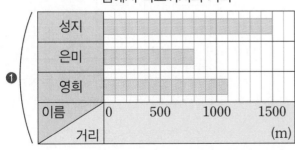

오전 (　　　　　　　　　)

❶ 은미네 집에서 학교까지의 거리를 구합니다.
❷ 은미가 걷는 빠르기로 집에서 학교까지 가는 데 걸리는 시간을 구합니다.
❸ 8시 30분에서 구한 시간을 뺍니다.

05 민준이와 친구들이 구슬치기 전과 후에 가지고 있는 구슬 수를 조사하여 나타낸 막대그래프입니다. 구슬이 가장 많이 늘어난 사람은 누구이고, 몇 개 늘어났습니까?

구슬치기 전 구슬 수   구슬치기 후 구슬 수

(   ), (   )

06 가, 나, 다 세 비커에 들어 있는 물의 양을 조사하여 나타낸 막대그래프입니다. 나 비커에 들어 있는 물의 양은 가 비커에 들어 있는 물의 양보다 60 mL 더 많습니다. 세 비커에 들어 있는 물의 양은 모두 몇 mL입니까?

비커별 물의 양

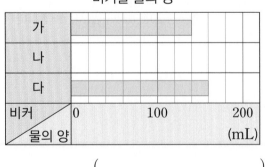

(   )

자료의 수 구하여 막대그래프 그리기

07 경미와 친구들이 가지고 있던 색종이의 수입니다. 네 친구들이 색종이를 각각 7장씩 썼을 때 쓰고 남은 색종이의 수를 막대그래프로 나타내시오.

가지고 있던 색종이의 수

이름	경미	진수	우진	정아
색종이 수(장)	17	19	15	13

쓰고 남은 색종이의 수

눈금 한 칸의 크기 구하여 전체 수 구하기

08 민규네 학교 4학년 학생들이 좋아하는 운동을 조사하여 나타낸 막대그래프입니다. 축구를 좋아하는 학생이 24명이라면 민규네 학교 4학년 학생은 모두 몇 명입니까?

좋아하는 운동별 학생 수

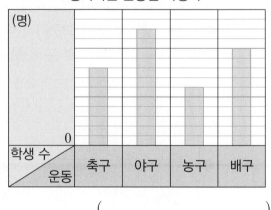

(   )

QR 코드를 찍어 **유사 문제**를 보세요.

서술형

09 강낭콩 싹과 토마토 싹의 키를 조사하여 나타낸 막대그래프입니다. 두 싹의 날짜별 키의 차는 어떻게 변하고 있는지 쓰시오.

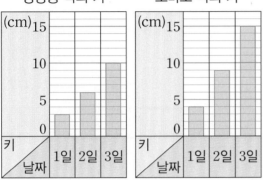

강낭콩 싹의 키　　　토마토 싹의 키

_____

_____

_____

찢어진 막대그래프

10 준서네 반 학생 25명이 좋아하는 젤리 맛을 조사하여 나타낸 막대그래프입니다. 포도 맛을 좋아하는 학생은 사과 맛을 좋아하는 학생보다 2명 더 많습니다. 좋아하는 학생이 가장 많은 맛과 가장 적은 맛의 학생 수의 차를 구하시오.

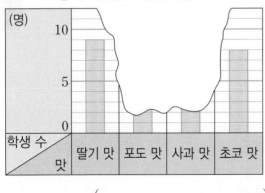

좋아하는 젤리 맛별 학생 수

(　　　　　　　　　　　　　　)

막대그래프에서 필요한 내용 찾기

11 미호네 모둠 학생들의 집에서 학교까지의 거리를 조사하여 나타낸 막대그래프입니다. 순규가 6분에 300 m씩 걷는 빠르기로 오전 8시 20분까지 학교에 도착하려면 집에서 적어도 오전 몇 시 몇 분에 출발해야 합니까?

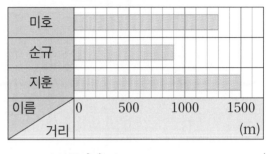

집에서 학교까지의 거리

오전 (　　　　　　　　　　)

12 어느 마을에서 어제와 오늘 과수원별로 수확한 사과의 양을 조사하여 나타낸 막대그래프입니다. 어제는 1상자에 10 kg씩 담고 오늘은 어제보다 29 kg 더 수확하여 1상자에 11 kg씩 담았습니다. 막대그래프 ㈏를 완성하시오.

㈎ 어제 수확한 사과의 양　㈏ 오늘 수확한 사과의 양

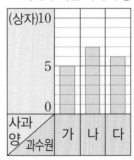 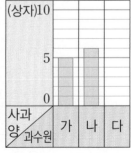

5

막대그래프

1

5일 동안 박물관의 예약자 수를 조사하여 나타낸 막대그래프입니다. 박물관에 현장 학습을 간다면 어느 요일에 가야 가장 여유롭게 관람을 할 수 있을지 쓰고, 그 이유를 써 보시오.

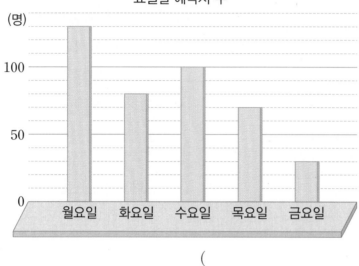

요일별 예약자 수

(   )

[이유]

_____

_____

2

시윤이가 4주 동안 받은 용돈을 막대그래프로 나타낸 것입니다. 서윤이가 4주 동안 받은 용돈의 합이 32000원일 때 막대그래프의 세로 눈금 한 칸은 얼마를 나타냅니까?

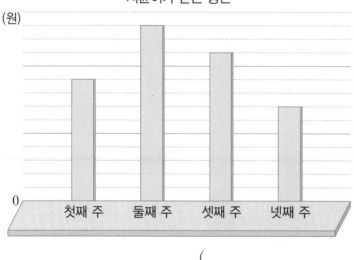

서윤이가 받은 용돈

(   )

막대그래프의
세로 눈금 칸 수를 모두
더한 값을 알아봅니다.

5
막대그래프

창의 • 융합

3

동영상

세 학생의 공 던지기 기록을 나타낸 막대그래프입니다. 1회, 2회, 3회의 기록의 합이 가장 긴 학생을 공 던지기 대표 선수로 뽑는다면 누가 대표 선수가 되겠습니까?

공 던지기 기록

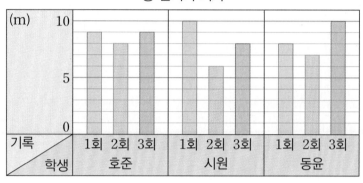

(　　　　　　　　　　)

문제 해결

4

동영상

마을별 사과 생산량을 조사하여 나타낸 그림그래프를 막대그래프로 나타내려고 합니다. 막대그래프의 세로 눈금 한 칸이 4상자를 나타낸다면 세로 눈금은 적어도 몇 칸 있어야 합니까?

마을별 사과 생산량

마을	생산량
햇빛	🍎🍎🍎🍎🍎🍎🍎
달빛	🍎🍎🍎🍎🍎🍎🍎🍎🍎
별빛	🍎🍎🍎🍎🍎🍎
금빛	🍎🍎🍎🍎🍎🍎🍎🍎

🍎 10상자

🍎 1상자

(　　　　　　　　　　)

막대그래프의 세로 눈금은 가장 많은 생산량까지 나타낼 수 있어야 합니다.

도전! 최상위 유형

1 |HME 18번 문제 수준|

정희네 모둠 학생들이 일주일 동안 운동한 시간을 조사하여 나타낸 막대그래프입니다. 운동한 시간이 가장 긴 학생과 가장 짧은 학생의 운동한 시간의 차는 몇 시간 몇 분입니까?

모둠 학생들이 운동한 시간

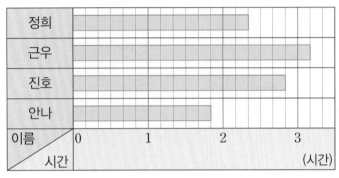

(   )

2 |HME 19번 문제 수준|

혜민이네 반 학생 28명의 장래 희망을 조사하여 나타낸 막대그래프입니다. 연예인이 되고 싶은 학생 수는 과학자가 되고 싶은 학생 수의 3배일 때, 연예인이 되고 싶은 학생은 몇 명입니까?

장래 희망별 학생 수

(   )

3

| HME 21번 문제 수준 |

어느 지역의 마을별 남학생 수와 여학생 수를 조사하여 나타낸 막대 그래프입니다. 이 지역의 학생이 모두 222명일 때 학생 수가 가장 많은 마을의 남학생 수와 여학생 수의 차는 몇 명입니까?

마을별 학생 수

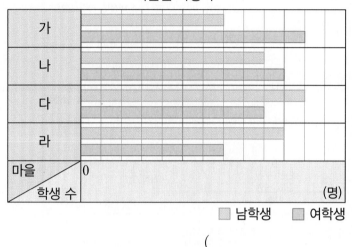

■ 남학생   ■ 여학생

(   )

◇ 가로 눈금 한 칸이 나타내는 학생 수와 막대의 전체 가로 눈금 칸 수의 곱은 이 지역의 학생 수와 같습니다.

4

| HME 22번 문제 수준 |

상민이네 학교 4학년 학생 96명의 충치 수를 조사하여 나타낸 막대 그래프입니다. 충치가 없는 학생이 32명일 때 막대그래프 (개와 (내)를 모두 완성하시오.

(개) 충치 수별 학생 수

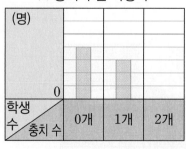

(내) 충치 수별 학생 수

■ 남학생   ■ 여학생

◇ 먼저 막대그래프 (개)에서 충치가 1개, 2개인 학생 수를 구한 후 막대그래프 (내)에서 충치 수별 여학생 수가 각각 몇 명인지 구합니다.

5 막대그래프

수의 규칙과 관련된 재미있는 이야기

버스 번호에도 수학 규칙이 숨어 있다고요?

서울의 버스 정류장에서 버스를 기다리다
보면 비슷한 번호의 버스들이 많이 지나가
는 것을 볼 수 있어요.
버스 정류장에는 왜 이렇게 비슷한 번호의
버스가 많은 걸까요?
이유는 서울의 똑똑한 버스 번호 규칙 때문
이에요.
서울시는 2004년 서울과 경기 지역을 총
8개 지역으로 나눴어요.
그런 다음 서울시 중구를 기준으로 서울의
가운데 지역을 0번, 오른쪽 위를 1번, 이

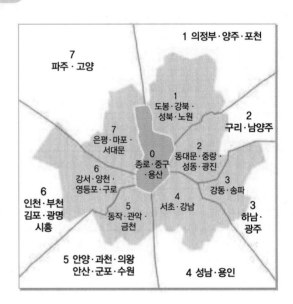

렇게 시계 방향으로 7번까지 위치에 따라 번호를 매겼지요.
이렇게 나눈 지역 번호는 버스 번호에 그대로 쓰여요.
버스 번호의 첫 번째 자리는 출발지의 지역 번호를, 두 번째 자리는 도착지의 지역 번호
를 뜻하는 것이죠.
예를 들어, 362번 버스는 3번 송파구 지역에서 출발해 6번 영등포구까지 간다는 뜻이랍
니다.
마지막 자리의 번호는 비슷한 경로로 움직이는 버스들의 일련번호를 나타내요.
버스 번호가 4자리인 버스도 있는데 앞의 2자리가 출발지와 도착지를 알리는 방식은 똑
같지만 일련번호를 두 자리로 한 경우예요.
그만큼 버스 노선이 많기 때문이랍니다.
또 410과 410−1처럼 번호가 같아도
'−1'이 붙는 노선이 있다면 하나는 시계
방향으로 돌고 '−1'이 붙은 버스는 시계
반대 방향으로 도는 버스라는 뜻이에요.
참 똑똑한 버스 번호지요?
버스 번호의 이런 규칙을 알면 버스를 더
욱 편리하게 이용할 수 있답니다.

6

규칙 찾기

학습 계획표

계획표대로 공부했으면 ○표, 못했으면 △표 하세요.

내용	쪽수	날짜		확인
잘 틀리는 실력 유형	76~77쪽	월	일	
다르지만 같은 유형	78~79쪽	월	일	
응용 유형	80~83쪽	월	일	
사고력 유형	84~85쪽	월	일	
최상위 유형	86~87쪽	월	일	

유형 **01** 조건에 맞는 수의 배열 찾기

조건
- 가장 큰 수는 8625입니다.
- 다음 수는 앞의 수보다 1001씩 작습니다.

→ 가장 큰 수 8625부터 시작하여 1001씩 작아지는 수를 찾으면 8625, 7624, [ ], [ ]······입니다.

[01~02] 수 배열표에서 조건을 만족하는 규칙적인 수의 배열을 찾아 색칠해 보시오.

01

1501	2601	3701	4801
2501	3601	4701	5801
3501	4601	5701	6801
4501	5601	6701	7801

조건
- 가장 큰 수는 4801입니다.
- 다음 수는 앞의 수보다 100씩 작습니다.

02

16281	16282	16283	16284	16285
36281	36282	36283	36284	36285
56281	56282	56283	56284	56285
76281	76282	76283	76284	76285
96281	96282	96283	96284	96285

조건
- 가장 작은 수는 36281입니다.
- 다음 수는 앞의 수보다 20001씩 큽니다.

유형 **02** 규칙을 찾아 식으로 나타내기

- 삼각형이 4개가 되었을 때의 수수깡 수

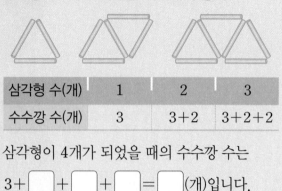

삼각형 수(개)	1	2	3
수수깡 수(개)	3	3+2	3+2+2

삼각형이 4개가 되었을 때의 수수깡 수는

$3+$ [ ] $+$ [ ] $+$ [ ] $=$ [ ] (개)입니다.

03 정사각형이 1개씩 늘어나도록 성냥개비를 놓고 있습니다. 정사각형이 6개가 되었을 때의 성냥개비 수는 몇 개인지 덧셈식으로 나타내어 구하시오.

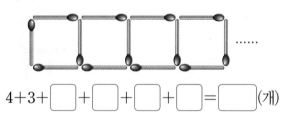

$4+3+$ [ ] $+$ [ ] $+$ [ ] $+$ [ ] $=$ [ ] (개)

04 다음과 같이 6명이 앉을 수 있는 식탁 8개를 한 줄로 붙인다면, 식탁에는 모두 몇 명이 앉을 수 있는지 덧셈식으로 나타내어 구하시오.

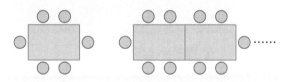

[식]

[답]

유형 03 계산 결과를 보고 계산식 찾기

• 계산 결과가 25인 계산식 찾기

순서	첫째	둘째	셋째	……
계산식	$1 \times 1 = 1$	$2 \times 2 = 4$	$3 \times 3 = 9$	……

→ 같은 수를 두 번 곱하여 25가 되는 수는 5이
므로 계산 결과가 25인 계산식은

　　　　　입니다.

05 아래와 같은 규칙을 이용하여 계산 결과가 200이 나오는 계산식을 써 보시오.

순서	계산식
첫째	$600 + 200 - 100 = 700$
둘째	$500 + 300 - 200 = 600$
셋째	$400 + 400 - 300 = 500$
넷째	$300 + 500 - 400 = 400$
다섯째	$200 + 600 - 500 = 300$

[식]

06 아래와 같은 규칙을 이용하여 계산 결과가 888888888이 나오는 계산식을 써 보시오.

순서	계산식
첫째	$9 \times 9 + 7 = 88$
둘째	$98 \times 9 + 6 = 888$
셋째	$987 \times 9 + 5 = 8888$
넷째	$9876 \times 9 + 4 = 88888$
다섯째	$98765 \times 9 + 3 = 888888$

[식]

유형 04 새 교과서에 나온 활동 유형

07 다음 모양에 있는 수의 배열에서 규칙을 찾아 빈칸에 알맞은 수를 써넣으시오.

(1)

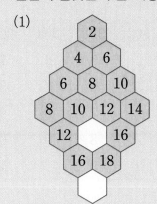

(2)

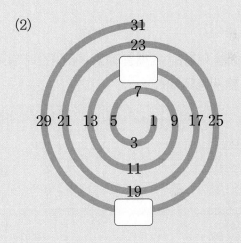

08 도형의 배열을 보고 초록색으로 채워진 삼각형의 수를 구해 보고, 규칙을 찾아 쓰시오.

순서	첫째	둘째	셋째	넷째
삼각형의 수(개)				

[규칙]

6
규칙 찾기

유형 01 규칙 찾아 수 배열표 완성하기

01 덧셈을 이용한 수 배열표입니다. 빈칸에 알맞은 수를 써넣으시오.

	301	302	303	304	305
2	3	4	5	6	7
3	4	5	6	7	8
4	5		7	8	9
5	6	7	8	9	0
6	7	8	9		1

02 곱셈을 이용한 수 배열표입니다. 빈칸에 알맞은 수를 써넣으시오.

	11	12	13	14	15
21	1	2	3	4	5
22	2	4		8	0
23	3	6	9	2	5
24	4		2		0
25	5	0	5	0	5

03 나눗셈을 이용한 수 배열표입니다. 빈칸에 알맞은 수를 써넣으시오.

	24	25	26	27	28
3	0	1	2	0	1
4	0	1	2	3	0
5	4	0	1		3
6	0	1		3	4
7	3		5	6	0

유형 02 모양의 배열에서 수의 규칙 찾기

04 넷째 모양에 모형을 더 붙여서 다섯째 모양을 만들려면 모형이 몇 개 더 필요합니까?

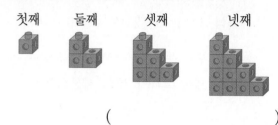

첫째   둘째   셋째   넷째

(   )

서술형

05 바둑돌의 수를 세어 규칙을 찾아 쓰시오.

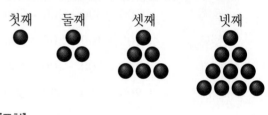

첫째   둘째   셋째   넷째

[규칙] _____

_____

06 다섯째 배열에 사용될 △은 몇 개입니까?

첫째   둘째   셋째   넷째

(   )

유형 03 계산 결과가 같은 곱셈식, 나눗셈식

07 곱셈식의 계산 결과를 같게 하려고 합니다. ☐ 안에 알맞은 수를 써넣으시오.

순서	곱셈식
첫째	$240 \times 10 = 2400$
둘째	$120 \times 20 = 2400$
셋째	$80 \times 30 = 2400$
넷째	$60 \times 40 = 2400$
다섯째	$48 \times \boxed{} = 2400$

곱해지는 수가 $\div 2$, $\div 3$, $\div 4$가 되는 만큼 곱하는 수를 ☐배, ☐배, ☐배 합니다.

08 나눗셈식의 계산 결과를 같게 하려고 합니다. ☐ 안에 알맞은 수를 써넣으시오.

순서	나눗셈식
첫째	$111111111 \div 9 = 12345679$
둘째	$222222222 \div 18 = 12345679$
셋째	$333333333 \div 27 = 12345679$
넷째	$444444444 \div 36 = 12345679$
다섯째	$555555555 \div \boxed{} = 12345679$

나누어지는 수가 2배, 3배, 4배가 되는 만큼 나누는 수를 ☐배, ☐배, ☐배 합니다.

유형 04 실생활 속 수 배열에서 규칙 찾기

09 엘리베이터 버튼에 나타난 수 배열의 규칙에 따라 빈칸에 알맞은 수를 써넣으시오.

13				17	
7	8	9	10	11	
1	2	3	4	5	6

10 천재영화관의 좌석표입니다. 수영이의 좌석 번호가 D10이고 재환이의 좌석 번호가 E12일 때, 수영이의 자리에 ○표, 재환이의 자리에 △표 하시오.

천재영화관 좌석표						
A7	A8	A9	A10	A11	A12	A13
B7	B8	B9	B10	B11	B12	B13
C7	C8	C9				
D7	D8					
E7	E8					

11 승아와 지훈이가 연극을 보러 극장에 갔습니다. 승아의 자리는 ■이고 지훈이의 자리는 승아의 바로 뒷자리입니다. 지훈이의 좌석 번호를 구하시오.

무대
앞

가1	나1	다1	라1	마1	바1	사1
가2	나2	다2	라2	마2	바2	사2
가3	나3					
가4				■		

뒤

( )

6

규칙 찾기

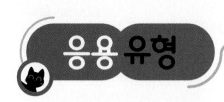

규칙적인 계산식 쓰기

01 ❶ 보기 의 규칙을 이용하여 / ❷나누는 수가 3일 때의 계산
식을 2개 더 쓰시오.

❶ 나누어지는 수가 2배가 되면 2로 나누는
횟수가 1번 늘어납니다.
❷ 나누어지는 수가 3배가 되면 3으로 나누는
횟수가 1번 늘어납니다.

보기

$$2 \div 2 = 1$$
$$4 \div 2 \div 2 = 1$$
$$8 \div 2 \div 2 \div 2 = 1$$
$$16 \div 2 \div 2 \div 2 \div 2 = 1$$

계산식

$$3 \div 3 = 1$$
$$9 \div 3 \div 3 = 1$$

달력에서 규칙적인 계산식 찾기

02 달력에서 조건을 만족하는 수를 구하시오.

❶ 파란색으로 색칠한 5개의 수의 합은 한가
운데 수의 5배입니다.
❷ 파란색으로 색칠한 5개의 수의 합을 5로
나눈 몫은 한가운데 수와 같습니다.

일	월	화	수	목	금	토
					1	2
3	4	5	6	7	8	9
10	11	12	13	14	15	16
17	18	19	20	21	22	23
24	25	26	27	28	29	30

조건

❶ 파란색으로 색칠한 5개의 수 중 하나입니다.
❷ 파란색으로 색칠한 5개의 수의 합을 5로 나눈 몫과
같습니다.

(   )

● 정답 및 풀이 **59**쪽

바둑돌의 배열에서 규칙 찾기

03 ❶바둑돌의 배열을 보고 / ❷일곱째에 알맞은 바둑돌의 개수를 구하시오.

첫째	둘째	셋째

넷째　　　　　　다섯째

(　　　　　　　　　)

❶ 바둑돌의 배열을 보고 바둑돌이 늘어나는 규칙을 찾습니다.

❷ ❶에서 찾은 규칙을 이용하여 일곱째에 알맞은 바둑돌의 개수를 구합니다.

두 가지 색 도형의 배열

04 ❶도형의 배열을 보고 규칙을 찾아 / ❷여섯째 도형에서 파란색 사각형과 노란색 사각형 수의 / ❸차는 몇 개인지 구하시오.

첫째　　둘째　　　　셋째　　　　　　넷째

(　　　　　　　　　)

❶ 도형의 배열에서 색깔별 사각형의 규칙을 찾습니다.

❷ 여섯째 도형의 파란색 사각형과 노란색 사각형 수를 각각 구합니다.

❸ ❷에서 구한 두 수의 차를 구합니다.

규칙적인 계산식 쓰기

05 보기 의 규칙을 이용하여 나누는 수가 4일 때의 계산식을 2개 더 쓰시오.

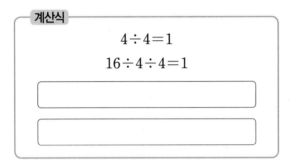

보기

$$2 \div 2 = 1$$
$$4 \div 2 \div 2 = 1$$
$$8 \div 2 \div 2 \div 2 = 1$$
$$16 \div 2 \div 2 \div 2 \div 2 = 1$$

계산식

$$4 \div 4 = 1$$
$$16 \div 4 \div 4 = 1$$

달력에서 규칙적인 계산식 찾기

06 달력에서 조건을 만족하는 수를 구하시오.

일	월	화	수	목	금	토
			1	2	3	4
5	6	7	8	9	10	11
12	13	14	15	16	17	18
19	20	21	22	23	24	25
26	27	28	29	30	31	

조건

• ☐ 안에 있는 9개의 수 중 하나입니다.

• ☐ 안에 있는 9개의 수의 합을 9로 나눈 몫과 같습니다.

(   )

07 조건을 만족하는 계단 모양의 수의 배열을 완성하시오.

조건

• ↙ 방향으로 1씩 커집니다.
• 가로(→)로 2씩 커집니다.

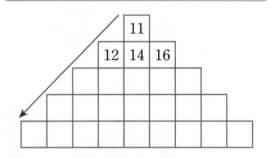

08 삼각형 모양에 있는 수의 배열에서 규칙을 찾아 ☐ 안에 알맞은 수를 써넣으시오.

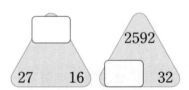

09 도형 속에 규칙에 따라 쓴 수를 보고 ㉠과 ㉡에 알맞은 수의 합을 구하시오.

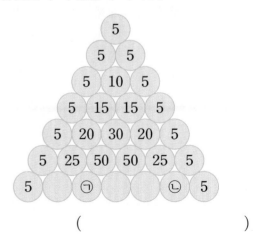

(   )

● 정답 및 풀이 59쪽

QR 코드를 찍어 **유사 문제**를 보세요.

10 바둑판의 바둑돌에 표시된 수의 배열에서 규칙을 찾아 ㉠에 알맞은 수를 구하시오.

(1)

( )

(2)

( )

바둑돌의 배열에서 규칙 찾기

11 바둑돌의 배열을 보고 열째에 알맞은 바둑돌의 개수를 구하시오.

첫째   둘째   셋째

넷째   다섯째

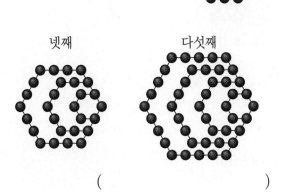

( )

12 수 배열의 규칙에 따라 다음과 같이 수를 쓴다면 35200은 몇째입니까?

27500	28600	29700	30800	……
첫째	둘째	셋째	넷째	

( )

두 가지 색 도형의 배열

13 도형의 배열을 보고 규칙을 찾아 일곱째 도형에서 노란색 사각형과 분홍색 사각형 수의 차는 몇 개인지 구하시오.

첫째   둘째   셋째   넷째

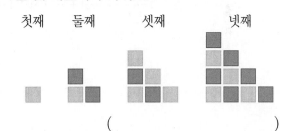

( )

14 한 변의 길이가 3 cm인 정사각형을 그림과 같은 규칙으로 겹치지 않게 이어 붙였습니다. 굵은 선의 길이의 합이 96 cm인 도형은 몇째입니까?

첫째   둘째   셋째   넷째

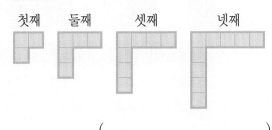

( )

도형의 배열을 보고 연속하는 홀수의 합을 구하려고 합니다. 정사각형 ☐ 의 수를 나타내는 두 가지 식을 완성하고, 규칙을 찾아 1부터 29까지 홀수의 합을 구하시오.

첫째 　 둘째 　 셋째 　 넷째

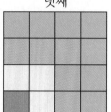

......

순서	첫째	둘째	셋째	넷째	......
식 1	1	1+3	1+3+5		......
식 2	1×1	2×2	3×3		......

$$1+3+5+7+9+\cdots+21+23+25+27+29$$

$$= \boxed{} \times \boxed{} = \boxed{}$$

1부터 29까지의 수 중 홀수는 15개예요.

도형의 배열을 보고 연속하는 짝수의 합을 구하려고 합니다. 정사각형 ☐ 의 수를 나타내는 두 가지 식을 완성하고, 규칙을 찾아 2부터 50까지 짝수의 합을 구하시오.

첫째 　 둘째 　 셋째 　 넷째

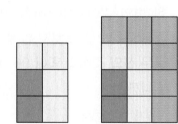

......

순서	첫째	둘째	셋째	넷째	......
식 1	2	2+4	2+4+6		......
식 2	1×2	2×3	3×4		......

$$2+4+6+8+10+\cdots+42+44+46+48+50$$

$$= \boxed{} \times \boxed{} = \boxed{}$$

2부터 50까지의 수 중 짝수는 25개예요.

코딩
3

첫째 도형에서 코드를 한 번 실행할 때마다 나오는 도형의 배열을 표시한 것입니다. 코드에서 알맞은 것에 ○표 하고, 코드를 한 번 더 실행했을 때 나오는 넷째 도형을 그려 보시오.

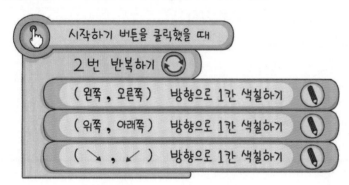

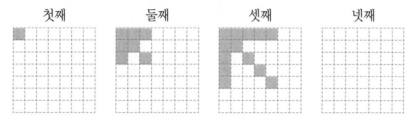

| 첫째 | 둘째 | 셋째 | 넷째 |

코딩
4

독일의 수학자 로타르 콜라츠는 '우박수'라는 재미있는 문제를 냈습니다. 우박수 만들기 규칙에 따라 빈칸에 알맞은 수를 써넣으시오.

콜라츠의 우박수 계산 방법
① 자연수를 하나 고릅니다.
② 짝수이면 2로 나누고 홀수이면 3을 곱한 뒤 1을 더합니다.
③ ②의 과정을 반복하면 그 결과는 항상 1이 됩니다.

600	→		→		→		→	
→			→		→		→	
	→			→		→		
→			→		→			
	→		→		→	1		

6
규칙 찾기

1

| HME 17번 문제 수준 |

삼각형 모양 종이를 크기가 같은 4개의 삼각형으로 나눈 후 가운데에 있는 삼각형을 잘라서 버리려고 합니다. 이와 같은 규칙으로 삼각형을 자를 때 남는 삼각형이 6561개가 되는 순서는 몇째입니까?

첫째

둘째

셋째

......

(   )

2

| HME 20번 문제 수준 |

다음과 같은 규칙으로 분수를 늘어놓았습니다. $\frac{3}{10}$ 은 몇째 분수입니까?

$$\frac{1}{2}, \ \frac{1}{3}, \ \frac{2}{3}, \ \frac{1}{4}, \ \frac{2}{4}, \ \frac{3}{4}, \ \frac{1}{5}, \ \frac{2}{5}, \ \frac{3}{5}, \ \frac{4}{5} \cdots\cdots$$

(   )

분수의 배열에서 분모가 같은 분수끼리 묶어 보면 규칙이 보입니다.

3

| HME 20번 문제 수준 |

다음은 원 위에 0부터 9까지의 수를 같은 간격으로 쓴 것입니다. 0에서 출발하여 시계 방향으로 4칸씩 건너뛰어 갈 때, 549번째에 도착한 곳의 수는 무엇입니까?

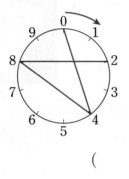

( )

◇ 0에서 출발하여 다시 0으로 되돌아오려면 몇 번 건너뛰어야 하는지 알아봅니다.

4

| HME 22번 문제 수준 |

다음과 같은 규칙으로 수를 나열하였습니다. 10째 줄에 있는 수들의 합을 구하시오.

첫째 줄 → 1
둘째 줄 → 2 3
셋째 줄 → 4 5 6
7 8 9 10
11 12 13 14 15

( )

6

규칙 찾기

규칙을 발견한 수학자 피보나치

앞의 수와 뒤의 수를 더해 그 다음 수가 되는 규칙을 가진 수의
배열인 피보나치 수열이 있어요. 1, 1, 2, 3, 5, 8, 13, 21, 34……
와 같은 수의 배열을 피보나치 수열이라고 해요.

▲ 딸기 꽃

$$1 \quad 1 \quad \underset{\underset{1+1}{\uparrow}}{2} \quad \underset{\underset{1+2}{\uparrow}}{3} \quad \underset{\underset{2+3}{\uparrow}}{5} \quad \underset{\underset{3+5}{\uparrow}}{8} \quad \underset{\underset{5+8}{\uparrow}}{13} \quad \underset{\underset{8+13}{\uparrow}}{21} \quad \underset{\underset{13+21}{\uparrow}}{34}$$

자연의 법칙에서도 피보나치 수열을 찾을 수 있는데요.
주위의 꽃들을 살펴보면 꽃잎이 3장, 5장, 8장, 13장, 21장 등
으로 되어 있어요. 9장이나 11장은 찾아보기 힘들 거예요.
딸기 꽃은 꽃잎이 5장, 코스모스는 꽃잎이 8장인 것을 찾아볼
수 있죠.

▲ 코스모스

이 밖에도 파인애플을 살펴보면 하나의 육각형이 세 방향의 나선
에 놓여 있어요. 같은 방향 나선의 개수를 세어 보면 8개, 13개,
21개로 되어 있어요. 이 숫자들도 모두 피보나치 수열의 수들이
지요.

▲ 파인애플

꽃잎의 수가
꽃들마다 모두 제각각인 줄
알았는데 그게 아니었구나.
놀라운 사실 발견!

꽃잎 수가 짝수냐
홀수냐에 따라 결과가
달라지고 있어!

무슨 결과?

네가 날 좋아한다, 좋아하지
않는다, 좋아한다……

……

우리 아이만
알고 싶은
상위권의
시작

최고를
경험해 본 아이의 성취감은
학년이 오를수록
빛을 발합니다

완 성

최고수준

초등수학

5-1

* 1~6학년 / 학기 별 출시
동영상 강의 제공

book.chunjae.co.kr

교재 내용 문의 ·················· 교재 홈페이지 ▶ 초등 ▶ 교재상담

교재 내용 외 문의 ·················· 교재 홈페이지 ▶ 고객센터 ▶ 1:1문의

발간 후 발견되는 오류 ············· 교재 홈페이지 ▶ 초등 ▶ 학습지원 ▶ 학습자료실

My name~

	초등학교
학년	반	번
이름	

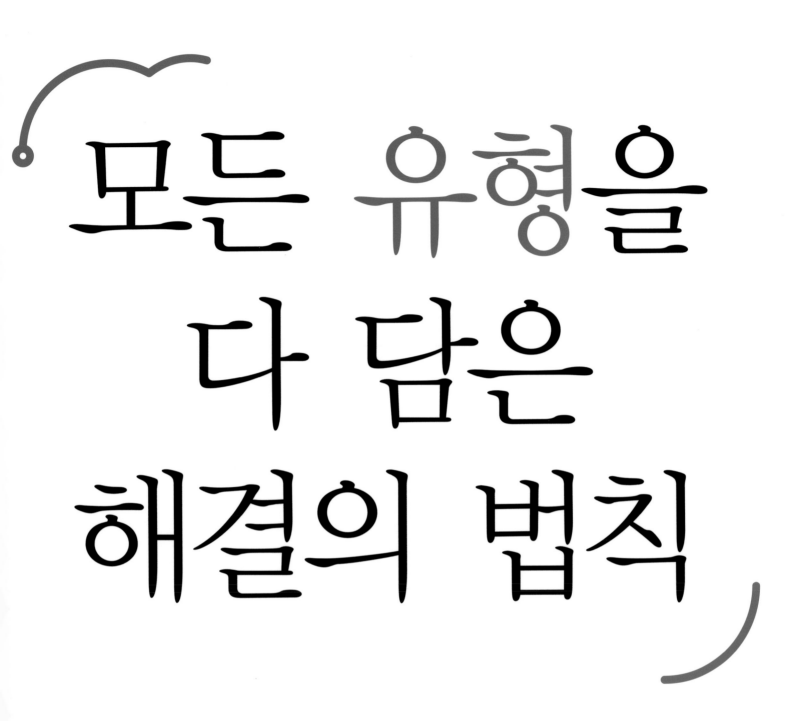

모든 유형을 다 담은 해결의 법칙

정답 및 풀이

수학 4·1

천재교육

정답 및 풀이
포인트 3가지

▶ 혼자서도 이해할 수 있는 친절한 문제 풀이

▶ 문제 해결에 필요한 핵심 내용 또는
   틀리기 쉬운 내용을 담은 왜 틀렸을까

▶ 문제 분석으로 어려운 응용 유형 완벽 대비

정답 및 풀이
4-1

1 큰 수

1-1 (1) 삼백사십이만 육천오백구십칠

(2) 팔억 천삼백오십이만 칠천구십사

(3) 칠조 이천구백십억 삼십오만 팔백육십

1-2 (1) 2807356

(2) 570041028

(3) 4091382005000

2-1 (1) < (2) > (3) > (4) <

2-2 (1) < (2) < (3) > (4) >

2-1 자릿수가 다르면 자릿수가 많은 수가 더 큽니다.

2-2 자릿수가 같으면 가장 높은 자리의 숫자부터 차례로 비교하여 숫자가 큰 수가 더 큽니다.

(1) 357928 < 375061
  └── 5 < 7 ──┘

(2) 62005864 < 62104067
  └── 0 < 1 ──┘

(3) 809억 5006만 > 809억 2907만
  └── 5 > 2 ──┘

(4) 1329조 6230억 > 1329조 3548억
  └── 6 > 3 ──┘

01 10000 또는 1만 **02** 60, 40

03 100 **04** 민준

05 5, 4, 7

06 육만 이천구백팔십일, 57324

07 (1) 사만 이천팔백오 (2) 칠만 삼천구백팔

08 90000＋4000＋80＋2

09 ④ **10** 42108

11 93421 **12** 26371

13 (교차선) **14** 18340000 또는 1834만

15 ①

16 (위부터) 30000 / 천만의 자리, 30000000 / 십만의 자리, 300000

17 40060070000

18 10000, 1000, 100, 10

19 ②

20 2795억 4183만 570, 이천칠백구십오억 사천백팔십삼만 오백칠십

21 ④

22 ㉡

23 162007450000000, 백육십이조 칠십사억 오천만

24 7275000000000000 또는 7275조

25 950억, 1050억, 1150억

26 100000씩 또는 10만씩

27 50조 7억

28 3760만 또는 37600000

29 (1) < (2) < **30** (1) > (2) <

31 ㉠, ㉢, ㉡ **32** 0, 1, 2, 3

33 986430 **34** 123579

35 (1) 104578 (2) 305689

36 52장 **37** 38장

38 (1) 67장 (2) 6장

서술형 유형

1-1 500240000, 6 ; 6

1-2 ⒟ 320억 7만 ➡ 32000070000
따라서 수로 나타내었을 때 숫자 0은 모두 8개입니다. ; 8개

2-1 천, 2, 8, ㉡ ; ㉡

2-2 ⒟ ㉡ 천사백오십만 이천삼백 ➡ 14502300
두 수의 자릿수가 같고 천만의 자리 숫자가 같으므로 백만의 자리 숫자를 비교합니다.
따라서 7 > 4이므로 더 작은 수의 기호는 ㉡입니다. ; ㉡

01 1000이 10개이므로 10000입니다.

02 9940에서 20씩 3번 커지면 10000이고 10000에서 20씩 2번 작아지면 9960입니다.

03 100원짜리 동전이 10개이면 1000원이고, 1000원짜리 지폐가 10장이면 10000원이므로 100원짜리 동전이 100개 있어야 합니다.

04 서윤: 100이 10개인 수는 1000입니다.
민준: 9000보다 1000만큼 더 큰 수는 10000입니다.
따라서 10000에 대해 바르게 말한 사람은 민준입니다.

05 59437
→ 만의 자리
→ 백의 자리
→ 일의 자리

06 수를 읽을 때에는 네 자리씩 끊어서 읽습니다.
• 62981 ➡ 6만 2981 ➡ 육만 이천구백팔십일
• 오만 칠천삼백이십사 ➡ 5만 7324 ➡ 57324

07 (1) 수를 읽을 때 자리의 숫자가 0이면 숫자와 자릿값
을 읽지 않습니다.
(2) 수를 읽을 때 일의 자리는 숫자만 읽습니다.

9쪽

08 각 자리의 숫자가 나타내는 값의 합으로 나타냅니다.

09 ① 42351 ➡ 40000 ② 86452 ➡ 400
③ 18024 ➡ 4 ④ 14079 ➡ 4000
⑤ 33546 ➡ 40

10 백의 자리 숫자를 차례로 쓰면 2, 1, 3, 4이므로 백의
자리 숫자가 1인 수는 42108입니다.

11 만의 자리 숫자를 차례로 쓰면 3, 4, 2, 9이므로 만의
자리 숫자가 가장 큰 수는 93421입니다.

12 같은 숫자라도 자리에 따라 나타내는 값이 다릅니다.
34217 ➡ 200   42108 ➡ 2000
26371 ➡ 20000   93421 ➡ 20

13 10000이 10개이면 10만, 10000이 100개이면 100만,
10000이 1000개이면 1000만입니다.

14 100만이 18개이면 1800만, 10만이 3개이면 30만,
1만이 4개이면 4만이므로 1834만 또는 18340000이
라 씁니다.

15 십만의 자리 숫자는 ①은 8이고 ②, ③, ④, ⑤는 5입
니다.

16 • 4039802에서 숫자 3은 만의 자리 숫자이고
30000(3만)을 나타냅니다.
• 31270045에서 숫자 3은 천만의 자리 숫자이고
30000000(3000만)을 나타냅니다.
• 58302009에서 숫자 3은 십만의 자리 숫자이고
300000(30만)을 나타냅니다.

10쪽

17 사백억 육천칠만 ➡ 400억 6007만
➡ 40060070000

18 1조는 1억이 10000개, 10억이 1000개,
100억이 100개, 1000억이 10개인 수입니다.

19 ② 조의 자리 숫자
⑤ 억의 자리 숫자
171 1711 0000 0000
조   억   만   일
④ 십억의 자리 숫자
③ 천억의 자리 숫자
① 백조의 자리 숫자

각 자리의 숫자 1이 나타내는 값을 알아보면
① 100조 ② 1조 ③ 1000억 ④ 10억 ⑤ 1억
따라서 각 자리의 숫자 1이 나타내는 값이 1조인 수
는 ②입니다.

20 일의 자리부터 네 자리씩 끊은 후 높은 자리부터 차례
로 읽습니다.

21 ①, ②, ③, ⑤ ➡ 1억, ④ ➡ 9000만 1000

22 각 자리의 숫자 6이 나타내는 값을 각각 알아보면
㉠ 6억 ㉡ 6000억 ㉢ 60억 ㉣ 600억
따라서 각 자리의 숫자 6이 나타내는 값이 가장 큰 수
는 ㉡입니다.

23 조가 162개, 억이 74개, 만이 5000개인 수
➡ 162조 74억 5000만
➡ 162007450000000
➡ 백육십이조 칠십사억 오천만

24 오천이백구조 ➡ 5209조 ➡ 7275조
5+2=7
0+7=7
9-4=5

11쪽

25 100억씩 뛰어 세면 백억의 자리 숫자가 1씩 커집니다.

26 십만의 자리 숫자가 1씩 커지고 있으므로 100000씩
뛰어 센 것입니다.

27 5조씩 뛰어 세면 조의 자리 숫자가 5씩 커집니다.
25조 7억-30조 7억-35조 7억
-40조 7억-45조 7억-50조 7억(㉠)

28 100만씩 뛰어 세면 백만의 자리 숫자가 1씩 커집니다.
3160만-3260만-3360만-3460만-3560만
-3660만-3760만

29 (1) 54691207 < 342801569
　　(8자리 수)　　　　(9자리 수)

　　(2) 8630027541 < 61054837200
　　　(10자리 수)　　　　(11자리 수)

30 (1) 528627 > 436739
　　　　└─ 5 > 4 ─┘

　　(2) 60382419 < 60724350
　　　　　　└─ 3 < 7 ─┘

31 자릿수가 다르면 자릿수가 많은 수가 더 큽니다.
　　㉠ 9자리 수　　㉡ 7자리 수　　㉢ 8자리 수
　　➡ ㉠ > ㉢ > ㉡

32 두 수의 자릿수가 같고 십만, 만의 자리 숫자가 같으므로 백의 자리 숫자를 비교합니다. 따라서 7 > 6이므로 □ < 4에서 □ 안에는 0, 1, 2, 3이 들어갈 수 있습니다.

12쪽

33 9 > 8 > 6 > 4 > 3 > 0이므로 가장 높은 자리에 큰 숫자부터 차례로 쓰면 986430입니다.

34 1 < 2 < 3 < 5 < 7 < 9이므로 가장 높은 자리에 작은 숫자부터 차례로 쓰면 123579입니다.

35 (1) 0 < 1 < 4 < 5 < 7 < 8이고 가장 높은 자리에 0은 올 수 없으므로 1을 쓰고 남은 숫자를 작은 숫자부터 차례로 쓰면 104578입니다.

　　왜 틀렸을까? 6자리 수를 만들 때 014578은 14578과 같으므로 0은 십만의 자리에 올 수 없습니다.

　　(2) 0 < 3 < 5 < 6 < 8 < 9이고 가장 높은 자리에 0은 올 수 없으므로 3을 쓰고 남은 숫자를 작은 숫자부터 차례로 쓰면 305689입니다.

　　왜 틀렸을까? 6자리 수를 만들 때 035689는 35689와 같으므로 0은 십만의 자리에 올 수 없습니다.

36 5200000원은 520만 원이므로 10만이 52개인 수입니다. 따라서 10만 원짜리 수표로 52장까지 찾을 수 있습니다.

37 38000000원은 3800만 원이므로 100만이 38개인 수입니다. 따라서 100만 원짜리 수표로 38장까지 찾을 수 있습니다.

38 (1) 67500000원은 6750만 원이므로 100만이 67개, 10만이 5개인 수입니다. 따라서 50만 원은 찾을 수 없으므로 100만 원짜리 수표로 67장까지 찾을 수 있습니다.

　　왜 틀렸을까? 6750만 원에서 50만 원은 100만 원짜리 수표로 찾을 수 없습니다.

　　(2) 67500000원은 6750만 원이므로 1000만이 6개, 100만이 7개, 10만이 5개인 수입니다. 따라서 750만 원은 찾을 수 없으므로 1000만 원짜리 수표로 6장까지 찾을 수 있습니다.

　　왜 틀렸을까? 6750만 원에서 750만 원은 1000만 원짜리 수표로 찾을 수 없습니다.

13쪽

1-2 **서술형 가이드** 주어진 것을 수로 나타낸 후 0이 몇 개인지 알아보는 풀이 과정이 들어 있어야 합니다.

채점 기준

상	320억 7만을 수로 나타낸 후 0이 모두 몇 개인지 구함.
중	320억 7만을 수로 나타내었지만 0의 개수가 틀림.
하	320억 7만을 수로 나타내지 못함.

2-2 **서술형 가이드** 수를 읽은 것을 보고 수로 나타낸 후 두 수의 크기를 비교하는 풀이 과정이 들어 있어야 합니다.

채점 기준

상	천사백오십만 이천삼백을 수로 나타낸 후 두 수의 크기를 바르게 비교함.
중	천사백오십만 이천삼백을 수로 나타내었지만 두 수의 크기를 잘못 비교함.
하	천사백오십만 이천삼백을 수로 나타내지 못함.

3단계 유형평가 (단원)

14~16쪽

01 300, 200　　**02** 1000　　**03** 7, 8, 6

04 80000 + 3000 + 400 + 60

05 ②

06 (위부터) 5000000 / 십만의 자리, 500000 / 천만의 자리, 50000000

07 9403억 1279만 2068,
　　구천사백삼억 천이백칠십구만 이천육십팔

08 ㉣

09 304015280000000, 삼백사조 백오십이억 팔천만

10 6453000000000000 또는 6453조

11 35억 2만

12 4270만 또는 42700000

13 ㉡, ㉠, ㉢　　　**14** 6, 7, 8, 9　　**15** 134568

16 46장　　　　　**17** 204679　　　　**18** 98장

19 예 7조 652억 83만 ➡ 7065200830000
　　따라서 수로 나타내었을 때 숫자 0은 모두 7개입니다. ; 7개

20 (예) 삼십육억 구천칠백만 ➡ 3697000000

두 수의 자릿수가 같고 십억의 자리 숫자가 같으므로

억의 자리 숫자를 비교합니다.

따라서 7>6이므로 더 큰 수의 기호는 ㉠입니다.

; ㉠

14쪽

01 9700에서 100씩 3번 커지면 10000이고 10000에서

100씩 2번 작아지면 9800입니다.

02 10원짜리 동전이 10개이면 100원, 100원짜리 동전

이 10개이면 1000원, 1000원짜리 지폐가 10장이면

10000원이므로 10원짜리 동전이 1000개 있어야 합

니다.

03 72816

├→ 만의 자리

├→ 백의 자리

└→ 일의 자리

04 각 자리의 숫자가 나타내는 값의 합으로 나타냅니다.

05 백만의 자리 숫자는 ②는 7이고 ①, ③, ④, ⑤는 3입

니다.

06 • 15306724에서 5는 백만의 자리 숫자이고

5000000(500만)을 나타냅니다.

• 27501983에서 5는 십만의 자리 숫자이고

500000(50만)을 나타냅니다.

• 54026391에서 5는 천만의 자리 숫자이고

50000000(5000만)을 나타냅니다.

07 일의 자리부터 네 자리씩 끊은 후 높은 자리부터 차례

로 읽습니다.

15쪽

08 각 자리의 숫자 9가 나타내는 값을 각각 알아보면

㉠ 900억 ㉡ 90억 ㉢ 9억 ㉣ 9000억

따라서 각 자리의 숫자 9가 나타내는 값이 가장 큰 수

는 ㉣입니다.

09 조가 304개, 억이 152개, 만이 8000개인 수

➡ 304조 152억 8000만

➡ 304015280000000

➡ 삼백사조 백오십이억 팔천만

10 구천육백삼조 ➡ 9603조 ➡ 6453조

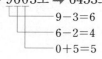

11 5억씩 뛰어 세면 억의 자리 숫자가 5씩 커집니다.

10억 2만－15억 2만－20억 2만

－25억 2만－30억 2만－35억 2만(㉠)

12 10만씩 뛰어 세면 십만의 자리 숫자가 1씩 커집니다.

4210만－4220만－4230만－4240만－4250만

－4260만－4270만

13 자릿수가 다르면 자릿수가 많은 수가 더 큽니다.

㉠ 9자리 수 ㉡ 10자리 수 ㉢ 8자리 수

➡ ㉡>㉠>㉢

14 두 수의 자릿수가 같고 백만, 십만의 자리 숫자가 같

으므로 천의 자리 숫자를 비교합니다.

따라서 4<6이므로 ▢>5에서 ▢ 안에는 6, 7, 8, 9

가 들어갈 수 있습니다.

16쪽

15 1<3<4<5<6<8이므로 가장 높은 자리에 작은

숫자부터 차례로 쓰면 134568입니다.

16 46000000원은 4600만 원이므로 100만이 46개인 수

입니다. 따라서 100만 원짜리 수표로 46장까지 찾을

수 있습니다.

17 0<2<4<6<7<9이고 가장 높은 자리에 0은 올 수

없으므로 2를 쓰고 남은 숫자를 작은 숫자부터 차례

로 쓰면 204679입니다.

왜 틀렸을까? 6자리 수를 만들 때 024679는 24679와 같으

므로 0은 십만의 자리에 올 수 없습니다.

18 98200000원은 9820만 원이므로 100만이 98개, 10만

이 2개인 수입니다. 따라서 20만 원은 찾을 수 없으므

로 100만 원짜리 수표로 98장까지 찾을 수 있습니다.

왜 틀렸을까? 9820만 원에서 20만 원은 100만 원짜리 수표

로 찾을 수 없습니다.

19 **서술형 가이드** 주어진 것을 수로 나타낸 후 0이 몇 개인지 알

아보는 풀이 과정이 들어 있어야 합니다.

채점 기준

상	7조 652억 83만을 수로 나타낸 후 0이 모두 몇 개인지 구함.
중	7조 652억 83만을 수로 나타내었지만 0의 개수가 틀림.
하	7조 652억 83만을 수로 나타내지 못함.

20 **서술형 가이드** 수를 읽은 것을 보고 수로 나타낸 후 두 수의

크기를 비교하는 풀이 과정이 들어 있어야 합니다.

채점 기준

상	삼십육억 구천칠백만을 수로 나타낸 후 두 수의 크기를 바르게 비교함.
중	삼십육억 구천칠백만을 수로 나타내었지만 두 수의 크기를 잘못 비교함.
하	삼십육억 구천칠백만을 수로 나타내지 못함.

2 각도

19쪽

1단계 기초 문제

1-1 (1) 50°에 ◯표 (2) 75°에 ◯표

1-2 (1) 둔각에 ◯표 (2) 예각에 ◯표

2-1 (1) 60 (2) 85 (3) 115 (4) 120 (5) 140 (6) 175

2-2 (1) 20 (2) 40 (3) 60 (4) 65 (5) 75 (6) 55

1-1 (1) 각의 한 변이 바깥쪽 눈금 0에 맞춰져 있으므로 바깥쪽 눈금을 읽습니다.

(2) 각의 한 변이 안쪽 눈금 0에 맞춰져 있으므로 안쪽 눈금을 읽습니다.

1-2 (1) 각도가 직각보다 크고 180°보다 작은 각이므로 둔각입니다.

(2) 각도가 0°보다 크고 직각보다 작은 각이므로 예각입니다.

2-1 자연수의 덧셈과 같은 방법으로 계산한 후 °를 붙여 줍니다.

2-2 자연수의 뺄셈과 같은 방법으로 계산한 후 °를 붙여 줍니다.

2단계 기본 유형

20~25쪽

01 (◯)( )

02 ㉡, ㉢, ㉠

03 ㉠

04 예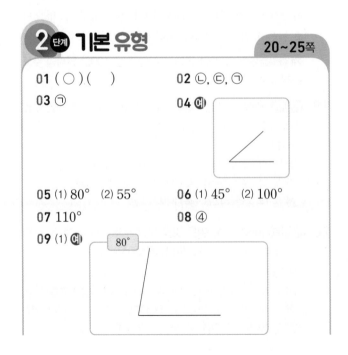

05 (1) 80° (2) 55°

06 (1) 45° (2) 100°

07 110°

08 ④

09 (1) 예 (80°)

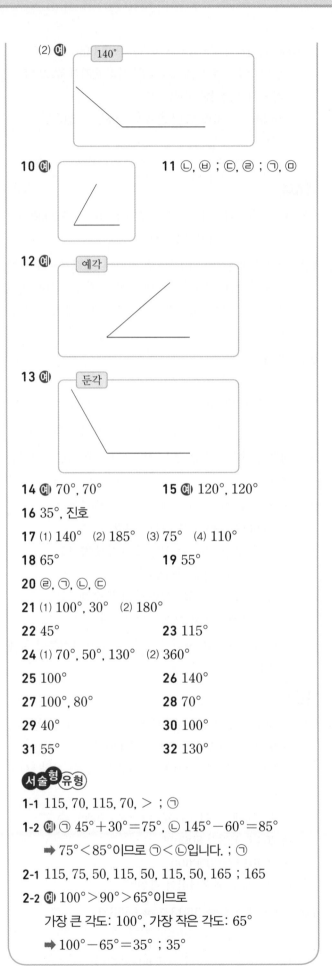

(2) 예 (140°)

10 예

11 ㉡, ㉤ ; ㉢, ㉣ ; ㉠, ㉥

12 예 (예각)

13 예 (둔각)

14 예 70°, 70°

15 예 120°, 120°

16 35°, 진호

17 (1) 140° (2) 185° (3) 75° (4) 110°

18 65°

19 55°

20 ㉣, ㉠, ㉡, ㉢

21 (1) 100°, 30° (2) 180°

22 45°

23 115°

24 (1) 70°, 50°, 130° (2) 360°

25 100°

26 140°

27 100°, 80°

28 70°

29 40°

30 100°

31 55°

32 130°

서술형 유형

1-1 115, 70, 115, 70, > ; ㉠

1-2 예 ㉠ 45°+30°=75°, ㉡ 145°−60°=85°

➡ 75°<85°이므로 ㉠<㉡입니다. ; ㉠

2-1 115, 75, 50, 115, 50, 115, 50, 165 ; 165

2-2 예 100°>90°>65°이므로

가장 큰 각도: 100°, 가장 작은 각도: 65°

➡ 100°−65°=35° ; 35°

20쪽

01 각의 두 변이 더 많이 벌어진 것을 찾습니다.

02 각의 두 변이 많이 벌어진 것부터 순서대로 씁니다.

03 부챗살이 이루는 각이 ㉠에는 6개, ㉡에는 5개 있으므로 ㉠의 각의 크기가 더 큽니다.

04 각의 두 변이 왼쪽 각보다 더 적게 벌어지게 그립니다.

05 (1) 각의 한 변이 바깥쪽 눈금 0에 맞춰져 있으므로 바깥쪽 눈금을 읽습니다.
(2) 각의 한 변이 안쪽 눈금 0에 맞춰져 있으므로 안쪽 눈금을 읽습니다.

06 각도기의 중심과 각의 꼭짓점을 맞추고, 각도기의 밑금과 각의 한 변이 만난 쪽의 눈금에서 시작하여 각의 나머지 변이 각도기의 눈금과 만나는 부분을 읽습니다.

07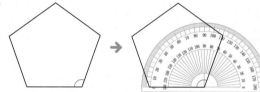

각도기의 중심과 각의 꼭짓점을 맞추고, 각도기의 밑금과 각의 한 변이 만난 쪽의 눈금에서 시작하여 각의 나머지 변이 각도기의 눈금과 만나는 부분을 읽습니다.

21쪽

08 각의 한 변이 안쪽 눈금 0에 맞춰져 있으므로 안쪽 눈금에서 $30°$가 되는 곳에 점 ㄱ을 찍어야 합니다.

09 (1) 각도기의 중심과 각의 꼭짓점이 될 점을 맞추고, 각도기의 밑금과 각의 한 변을 맞춘 후 각도가 $80°$가 되는 눈금에 점을 표시하고 꼭짓점이 될 점과 잇습니다.
(2) 각도기의 중심과 각의 꼭짓점이 될 점을 맞추고, 각도기의 밑금과 각의 한 변을 맞춘 후 각도가 $140°$가 되는 눈금에 점을 표시하고 꼭짓점이 될 점과 잇습니다.

10 교통안전 표지판에 주어진 각의 각도는 $60°$입니다.
각도기의 중심과 각의 꼭짓점이 될 점을 맞추고, 각도기의 밑금과 각의 한 변을 맞춘 후 각도가 $60°$가 되는 눈금에 점을 표시하고 꼭짓점이 될 점과 잇습니다.

11 • 예각: 각도가 $0°$보다 크고 직각보다 작은 각
• 직각: 각도가 $90°$인 각
• 둔각: 각도가 직각보다 크고 $180°$보다 작은 각

12 각도가 $0°$보다 크고 직각보다 작은 각을 그립니다.

13 각도가 직각보다 크고 $180°$보다 작은 각을 그립니다.

22쪽

14~15 직각 삼각자의 각을 생각하여 $30°$, $45°$, $60°$, $90°$를 눈으로 익혀 어림하고, 각도기로 재어 확인합니다.

16 진호가 어림한 각도: $30°$
진주가 어림한 각도: $45°$
잰 각도: $35°$
➡ 어림한 각도와 잰 각도의 차이가 더 작은 진호가 어림을 더 잘했습니다.

17 자연수의 덧셈, 뺄셈과 같은 방법으로 계산한 후 °를 붙여 줍니다.
(1) $95+45=140$ ➡ $95°+45°=140°$
(2) $155+30=185$ ➡ $155°+30°=185°$
(3) $100-25=75$ ➡ $100°-25°=75°$
(4) $135-25=110$ ➡ $135°-25°=110°$

18 ㉠은 $40°$와 $25°$를 더한 것입니다.
➡ $40°+25°=65°$

19 ㉠은 $145°$에서 $90°$를 뺀 것입니다.
➡ $145°-90°=55°$

20 ㉠ $50°+60°=110°$　　㉡ $45°+55°=100°$
㉢ $100°-20°=80°$　　㉣ $135°-20°=115°$
➡ $115°>110°>100°>80°$이므로 ㉣>㉠>㉡>㉢입니다.

참고
각도의 합은 자연수의 덧셈, 각도의 차는 자연수의 뺄셈과 같은 방법으로 계산한 후 °를 붙여 줍니다.

23쪽

21 (2) $50°+100°+30°=180°$

22 삼각형의 세 각의 크기의 합은 $180°$이므로
$\square=180°-40°-95°=45°$입니다.

23 삼각형의 세 각의 크기의 합은 $180°$이므로
㉠+㉡$=180°-65°=115°$입니다.

24 (2) $110°+70°+50°+130°=360°$

25 사각형의 네 각의 크기의 합은 $360°$이므로
$\square=360°-115°-75°-70°=100°$입니다.

26 사각형의 네 각의 크기의 합은 $360°$이므로
㉠+㉡$=360°-110°-110°=140°$입니다.

24쪽

27 각 ㄱㄴㄹ은 각의 한 변이 바깥쪽 눈금 0에 맞춰져 있으므로 바깥쪽 눈금을 읽습니다.
각 ㄹㄴㄷ은 각의 한 변이 안쪽 눈금 0에 맞춰져 있으므로 안쪽 눈금을 읽습니다.

28 각의 두 변이 모두 각도기의 밑금과 일치하지 않을 때에는 각 ㄱㄴㄷ의 크기를 바깥쪽 눈금 또는 안쪽 눈금으로 잴 수 있습니다.
바깥쪽 눈금을 이용: $110-40=70$
➡ (각 ㄱㄴㄷ)$=70°$

다른 풀이
안쪽 눈금을 이용: $140-70=70$ ➡ (각 ㄱㄴㄷ)$=70°$

29 바깥쪽 눈금을 이용: $150-110=40$
➡ (각 ㄴㅇㄷ)$=40°$

왜 틀렸을까? 점 ㄴ과 점 ㄷ의 눈금을 읽을 때에는 같은 쪽 눈금에서 읽어야 합니다.

다른 풀이
안쪽 눈금을 이용: $70-30=40$ ➡ (각 ㄴㅇㄷ)$=40°$

참고
각의 두 변이 모두 각도기의 밑금과 일치하지 않을 때에는 같은 쪽의 눈금을 읽어서 눈금의 차를 구합니다.

30 삼각형의 세 각의 크기의 합은 $180°$이므로
(나머지 한 각의 크기)
$=180°-20°-60°=100°$입니다.

31 삼각형의 세 각의 크기의 합은 $180°$이므로
(나머지 한 각의 크기)
$=180°-90°-35°=55°$입니다.

32 사각형의 네 각의 크기의 합은 $360°$이므로
(나머지 한 각의 크기)
$=360°-50°-60°-120°=130°$입니다.

왜 틀렸을까? 사각형의 네 각의 크기의 합에서 한 각이나 두 각만 빼지 않도록 주의합니다.

25쪽

1-2 **서술형 가이드** ㉠과 ㉡을 각각 계산한 후 두 각도의 크기를 비교하여 더 작은 각도를 구하는 풀이 과정이 들어 있어야 합니다.

채점 기준

상	㉠과 ㉡을 각각 계산한 후 두 각도의 크기를 비교하여 더 작은 각도를 구함.
중	㉠과 ㉡을 각각 계산했지만 두 각도의 크기를 잘못 비교함.
하	㉠과 ㉡을 계산하지 못함.

2-2 **서술형 가이드** 세 각도의 크기를 비교한 후 가장 큰 각도와 가장 작은 각도의 차를 구하는 풀이 과정이 들어 있어야 합니다.

채점 기준

상	세 각도의 크기를 비교한 후 가장 큰 각도와 가장 작은 각도의 차를 바르게 구함.
중	세 각도의 크기를 비교했지만 가장 큰 각도와 가장 작은 각도의 차를 잘못 구함.
하	세 각도의 크기를 비교하지 못함.

3단계 유형 단원 평가   26~28쪽

01 ( ) (○)   **02** ㉠, ㉢, ㉡
03 (1) $110°$ (2) $145°$ **04** (1) $30°$ (2) $85°$
05 $120°$ **06** ⑤
07 예

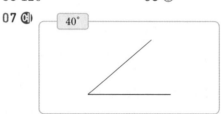

08 ㉠, ㉂ ; ㉢, ㉣ ; ㉡, ㉥
09 (1) $145°$ (2) $215°$ (3) $55°$ (4) $80°$
10 ㉡, ㉣, ㉠, ㉢   **11** $70°$
12 $55°$ **13** $60°$
14 $170°$ **15** $100°$
16 $45°$ **17** $60°$
18 $110°$
19 예 ㉠ $60°+55°=115°$, ㉡ $175°-40°=135°$
➡ $115°<135°$이므로 ㉠<㉡입니다. ; ㉡
20 예 $120°>90°>35°$이므로
가장 큰 각도: $120°$, 가장 작은 각도: $35°$
➡ $120°+35°=155°$; $155°$

26쪽

01 각의 두 변이 더 많이 벌어진 것을 찾습니다.

02 각의 두 변이 많이 벌어진 것부터 순서대로 씁니다.

03 (1) 각의 한 변이 바깥쪽 눈금 0에 맞춰져 있으므로 바깥쪽 눈금을 읽습니다.
(2) 각의 한 변이 안쪽 눈금 0에 맞춰져 있으므로 안쪽 눈금을 읽습니다.

04 각도기의 중심과 각의 꼭짓점을 맞추고, 각도기의 밑금과 각의 한 변이 만난 쪽의 눈금에서 시작하여 각의 나머지 변이 각도기의 눈금과 만나는 부분을 읽습니다.

05

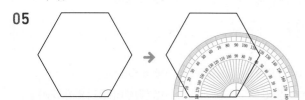

각도기의 중심과 각의 꼭짓점을 맞추고, 각도기의 밑금과 각의 한 변이 만난 쪽의 눈금에서 시작하여 각의 나머지 변이 각도기의 눈금과 만나는 부분을 읽습니다.

06 각의 한 변이 바깥쪽 눈금 0에 맞춰져 있으므로 바깥쪽 눈금에서 170°가 되는 곳에 점 ㄷ을 찍어야 합니다.

07 각도기의 중심과 각의 꼭짓점이 될 점을 맞추고, 각도기의 밑금과 각의 한 변을 맞춘 후 각도가 40°가 되는 눈금에 점을 표시하고 꼭짓점이 될 점과 잇습니다.

27쪽

08 • 예각: 각도가 0°보다 크고 직각보다 작은 각
 • 직각: 각도가 90°인 각
 • 둔각: 각도가 직각보다 크고 180°보다 작은 각

09 자연수의 덧셈, 뺄셈과 같은 방법으로 계산한 후 °를 붙여 줍니다.
 (1) $65 + 80 = 145$ ➡ $65° + 80° = 145°$
 (2) $140 + 75 = 215$ ➡ $140° + 75° = 215°$
 (3) $90 - 35 = 55$ ➡ $90° - 35° = 55°$
 (4) $175 - 95 = 80$ ➡ $175° - 95° = 80°$

10 ㉠ $80° + 70° = 150°$　　㉡ $65° + 95° = 160°$
 ㉢ $170° - 30° = 140°$　　㉣ $200° - 45° = 155°$
 ➡ $160° > 155° > 150° > 140°$이므로 ㉡ > ㉣ > ㉠ > ㉢
 입니다.

> **참고**
> 각도의 합은 자연수의 덧셈, 각도의 차는 자연수의 뺄셈과 같은 방법으로 계산한 후 °를 붙여 줍니다.

11 삼각형의 세 각의 크기의 합은 180°이므로
 □ $= 180° - 65° - 45° = 70°$입니다.

12 삼각형의 세 각의 크기의 합은 180°이므로
 ㉠ + ㉡ $= 180° - 125° = 55°$입니다.

13 사각형의 네 각의 크기의 합은 360°이므로
 □ $= 360° - 120° - 100° - 80° = 60°$입니다.

14 사각형의 네 각의 크기의 합은 360°이므로
 ㉠ + ㉡ $= 360° - 115° - 75° = 170°$입니다.

28쪽

15 바깥쪽 눈금을 이용: $170 - 70 = 100$
 ➡ (각 ㄱㄴㄷ) $= 100°$

> **다른 풀이**
> 안쪽 눈금을 이용: $110 - 10 = 100$ ➡ (각 ㄱㄴㄷ) $= 100°$

> **참고**
> 각의 두 변이 모두 각도기의 밑금과 일치하지 않을 때에는 같은 쪽의 눈금을 읽어서 눈금의 차를 구합니다.

16 삼각형의 세 각의 크기의 합은 180°이므로
 (나머지 한 각의 크기)
 $= 180° - 35° - 100° = 45°$입니다.

17 바깥쪽 눈금을 이용: $140 - 80 = 60$
 ➡ (각 ㄴㅇㄷ) $= 60°$

> **왜 틀렸을까?** 점 ㄴ과 점 ㄷ의 눈금을 읽을 때에는 같은 쪽 눈금에서 읽어야 합니다.

> **다른 풀이**
> 안쪽 눈금을 이용: $100 - 40 = 60$ ➡ (각 ㄴㅇㄷ) $= 60°$

18 사각형의 네 각의 크기의 합은 360°이므로
 (나머지 한 각의 크기)
 $= 360° - 45° - 70° - 135° = 110°$입니다.

> **왜 틀렸을까?** 사각형의 네 각의 크기의 합에서 나머지 각들을 모두 빼야 합니다.

19 **서술형 가이드** ㉠과 ㉡을 각각 계산한 후 두 각도의 크기를 비교하여 더 큰 각도를 구하는 풀이 과정이 들어 있어야 합니다.

채점 기준

상	㉠과 ㉡을 각각 계산한 후 두 각도의 크기를 비교하여 더 큰 각도를 구함.
중	㉠과 ㉡을 각각 계산했지만 두 각도의 크기를 잘못 비교함.
하	㉠과 ㉡을 계산하지 못함.

20 **서술형 가이드** 세 각도의 크기를 비교한 후 가장 큰 각도와 가장 작은 각도의 합을 구하는 풀이 과정이 들어 있어야 합니다.

채점 기준

상	세 각도의 크기를 비교한 후 가장 큰 각도와 가장 작은 각도의 합을 바르게 구함.
중	세 각도의 크기를 비교했지만 가장 큰 각도와 가장 작은 각도의 합을 잘못 구함.
하	세 각도의 크기를 비교하지 못함.

3 곱셈과 나눗셈

1단계 기초 문제

31쪽

1-1 (1) 10800　　(2) 50750
　　(3) 6615　　(4) 16768
　　(5) 9614　　(6) 12075

1-2 (1) 8450　　(2) 7140
　　(3) 7488　　(4) 9177
　　(5) 8944　　(6) 11098

2-1 (1) 4　　(2) 3
　　(3) 2…7　　(4) 4…35
　　(5) 23　　(6) 18…5

2-2 (1) 7, 8　　(2) 2
　　(3) 4, 2　　(4) 5, 9
　　(5) 14　　(6) 23, 12

1-1 (1), (2) (세 자리 수)×(몇)의 계산 결과 뒤에 0을 1개
　　붙입니다.

(5)
```
    2 0 9
×    4 6
─────────
  1 2 5 4
  8 3 6
─────────
  9 6 1 4
```

(6)
```
    3 4 5
×    3 5
─────────
  1 7 2 5
  1 0 3 5
─────────
1 2 0 7 5
```

1-2 (5)
```
    2 0 8
×    4 3
─────────
    6 2 4
  8 3 2
─────────
  8 9 4 4
```

(6)
```
    1 7 9
×    6 2
─────────
    3 5 8
  1 0 7 4
─────────
1 1 0 9 8
```

2-1 (5)
```
        2 3
 34) 7 8 2
      6 8
   ─────────
    1 0 2
    1 0 2
   ─────────
         0
```

(6)
```
        1 8
 24) 4 3 7
      2 4
   ─────────
    1 9 7
    1 9 2
   ─────────
         5
```

2-2 (5)
```
        1 4
 71) 9 9 4
      7 1
   ─────────
    2 8 4
    2 8 4
   ─────────
         0
```

(6)
```
        2 3
 38) 8 8 6
      7 6
   ─────────
    1 2 6
    1 1 4
   ─────────
       1 2
```

2단계 기본 유형

32~37쪽

01 (1) 14200　　(2) 22080

02 72000　　　　**03** 13650

04
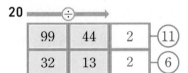

05 (1) 9288　　(2) 8362　　**06** 8996

07 7230　　　　　　**08** (위부터) 3718, 53701

09 9752

10 1218에 ○표 ; 예
```
        4 0 6
×        3 5
─────────────
    2 0 3 0
  1 2 1 8
─────────────
1 4 2 1 0
```

11 (○) (　)　　　　**12** 9100 cm

13 (1) 9　(2) 8…33　　**14** (○) (　)

15 345, 작아야에 ○표 ;
```
        4
 80) 3 4 5
    3 2 0
   ─────────
      2 5
```

16 ②　　　　　　　**17** (1) 3　(2) 2…14

18 3, 21 ; 예 24×3=72, 72+21=93

19 1, 3, 2

20

÷		
99	44	2 →⑪
32	13	2 →⑥

21 (1) 7　(2) 6…3　　**22** ①, ②, ③

23 7, 36

24 (교차선)　　　　**25** (1) 26　(2) 13…4

26 (위부터) ④, ②, ③　　**27** (○) (　)

28
```
        1 2
 18) 2 1 8
    1 8
   ─────────
      3 8
      3 6
   ─────────
         2
```

29 (선 잇기)

30 3, 3, 15　　　　**31** 25, 9

32 ③

33 483÷40, 800÷63에 ○표

34 ㉠, ㉢　　　　　**35** 123, 54, 6642

36 975, 24, 23400　　**37** 864, 20, 17280

서술형 유형

1-1 391, 391, 400, 400 ; 400

1-2 📖 계산 결과가 맞는지 확인하는 방법을 이용하면
$72 \times 13 = 936$, $936 + 5 = 941$이므로 ◆에 알맞은
수는 941입니다. ; 941

2-1 480, 120, 120, 6000 ; 6000

2-2 📖 도화지 1장을 팔았을 때의 이익은
$280 - 130 = 150$(원)입니다. 따라서 도화지 35장을
팔면 $150 \times 35 = 5250$(원)의 이익이 남습니다.
; 5250원

32쪽

01 (1)
$$\begin{array}{r} 355 \\ \times\ \ \ 40 \\ \hline 14200 \end{array}$$
(2)
$$\begin{array}{r} 276 \\ \times\ \ \ 80 \\ \hline 22080 \end{array}$$

02

0이 3개

$800 \times 90 = 72000$

$8 \times 9 = 72$

참고

(몇백)×(몇십)을 계산할 때는 (몇)×(몇)의 값에 곱하는 두 수
의 0의 개수만큼 0을 붙입니다.

04 $426 \times 40 = 17040$, $385 \times 60 = 23100$

05 (1)
$$\begin{array}{r} 172 \\ \times\ \ \ 54 \\ \hline 688 \\ 860\ \ \\ \hline 9288 \end{array}$$
(2)
$$\begin{array}{r} 226 \\ \times\ \ \ 37 \\ \hline 1582 \\ 678\ \ \\ \hline 8362 \end{array}$$

08 $169 \times 22 = 3718$, $647 \times 83 = 53701$

33쪽

09 $184 > 148 > 53$이므로 가장 큰 수는 184이고 가장 작
은 수는 53입니다. ➡ $184 \times 53 = 9752$

10 406×3에서 3은 십의 자리 숫자이므로 곱을 십의 자
리에 맞추어 써야 하는데 일의 자리에 맞추어 써서 틀
렸습니다.

참고
$$\begin{array}{r} 406 \\ \times\ \ \ 35 \\ \hline 2030 \leftarrow 406 \times 5 \\ 1218\ 0 \leftarrow 406 \times 30 \\ \hline 14210 \quad \text{0은 생략할 수 있습니다.} \end{array}$$

11
$$\begin{array}{r} 600 \\ \times\ \ \ 30 \\ \hline 18000 \end{array}$$
$$\begin{array}{r} 528 \\ \times\ \ \ 34 \\ \hline 2112 \\ 1584\ \ \\ \hline 17952 \end{array}$$
➡ $18000 > 17952$

12 (색 테이프 전체의 길이)
$=$(색 테이프 1장의 길이)×(색 테이프의 수)
$= 650 \times 14 = 9100$ (cm)

13 (1)
$$\begin{array}{r} 9 \\ 80\overline{)720} \\ 720 \\ \hline 0 \end{array}$$
(2)
$$\begin{array}{r} 8 \\ 70\overline{)593} \\ 560 \\ \hline 33 \end{array}$$

14 $450 \div 50 = 9$, $450 \div 60 = 7 \cdots 30$

15 400은 345보다 크므로 345에서 400을 뺄 수 없습니
다.
$80 \times 4 = 320$이므로 345보다 작으면서 345에 가장
가까운 수는 320입니다.
따라서 몫을 4로 고쳐서 계산해야 합니다.

주의
몫을 크게 예상하면 나누는 수와 몫의 곱이 나누어지는 수보
다 크게 됩니다.

16 ① $504 \div 70 = 7 \cdots \boxed{14}$ ② $184 \div 20 = 9 \cdots \boxed{4}$
③ $434 \div 60 = 7 \cdots \boxed{14}$ ④ $294 \div 40 = 7 \cdots \boxed{14}$
⑤ $284 \div 90 = 3 \cdots \boxed{14}$
➡ 나머지가 다른 것은 ②입니다.

34쪽

17 (1)
$$\begin{array}{r} 3 \\ 25\overline{)75} \\ 75 \\ \hline 0 \end{array}$$
(2)
$$\begin{array}{r} 2 \\ 35\overline{)84} \\ 70 \\ \hline 14 \end{array}$$

18 나누는 수와 몫의 곱을 구한 후 나머지를 더하면 나누
어지는 수가 되는지 확인합니다.

19 $96 \div 16 = 6$, $70 \div 35 = 2$, $51 \div 17 = 3$
➡ $6 > 3 > 2$

20 $99 \div 44 = 2 \cdots 11$
$32 \div 13 = 2 \cdots 6$

21 (1)
$$\begin{array}{r} 7 \\ 61\overline{)427} \\ 427 \\ \hline 0 \end{array}$$
(2)
$$\begin{array}{r} 6 \\ 25\overline{)153} \\ 150 \\ \hline 3 \end{array}$$

22 나머지는 나누는 수보다 작아야 합니다.
➡ 45보다 작은 수를 찾으면 ① 20, ② 35, ③ 40입니다.

23 407>53이므로 407÷53=7…36에서 몫은 7이고 나머지는 36입니다.

24
$$63\overline{)441} \quad 7 \\ 441 \\ \overline{} \\ 0$$
$$18\overline{)108} \quad 6 \\ 108 \\ \overline{} \\ 0$$

35쪽

25 (1)
$$21\overline{)546} \quad 26 \\ 42 \\ \overline{126} \\ 126 \\ \overline{}0$$
(2)
$$24\overline{)316} \quad 13 \\ 24 \\ \overline{76} \\ 72 \\ \overline{}4$$

27 384÷24=16, 588÷42=14 ➡ 16>14

28 나머지는 나누는 수보다 항상 작아야 합니다.
나머지 20이 나누는 수 18보다 크므로 몫을 더 크게 해야 합니다.

29
$$13\overline{)409} \quad 31 \\ 39 \\ \overline{19} \\ 13 \\ \overline{}6$$
$$16\overline{)547} \quad 34 \\ 48 \\ \overline{67} \\ 64 \\ \overline{}3$$

30 나머지는 나누는 수보다 항상 작아야 합니다.

31 884÷35=25…9

36쪽

32 나누어지는 수의 왼쪽 두 자리 수가 나누는 수보다 작으면 몫이 한 자리 수입니다.
① 24=24, ② 60>58, ③ 18<30, ④ 28>17, ⑤ 87>78이므로 몫이 한 자리 수인 것은 ③입니다.

다른 풀이
① 249÷24=10…9
② 600÷58=10…20
③ 188÷30=6…8
④ 283÷17=16…11
⑤ 875÷78=11…17
➡ 몫이 한 자리 수인 것은 ③입니다.

33 나누어지는 수의 왼쪽 두 자리 수가 나누는 수보다 크거나 같으면 몫이 두 자리 수입니다.
12<14, 48>40, 24<28, 80>63이므로 몫이 두 자리 수인 것은 483÷40, 800÷63입니다.

34 나누어지는 수의 왼쪽 두 자리 수가 나누는 수보다 크거나 같은 나눗셈을 찾습니다.
㉠ 64>15, ㉡ 19<20, ㉢ 33=33, ㉣ 48<50이므로 몫이 두 자리 수인 나눗셈은 ㉠, ㉢입니다.
왜 틀렸을까? 나누어지는 수의 왼쪽 두 자리 수가 나누는 수보다 큰 경우 뿐만 아니라 나누는 수와 같은 경우에도 몫이 두 자리 수입니다.

35 1<2<3<4<5이므로 만들 수 있는 가장 작은 세 자리 수는 123이고 가장 큰 두 자리 수는 54입니다.
➡ 123×54=6642
참고
가장 작은 세 자리 수는 높은 자리부터 작은 수를 차례로 놓고 가장 큰 두 자리 수는 높은 자리부터 큰 수를 차례로 놓아야 합니다.

36 2<4<5<7<9이므로 만들 수 있는 가장 큰 세 자리 수는 975이고 가장 작은 두 자리 수는 24입니다.
➡ 975×24=23400

37 0<2<4<6<8이므로 만들 수 있는 가장 큰 세 자리 수는 864이고 가장 작은 두 자리 수는 20입니다.
➡ 864×20=17280
왜 틀렸을까? 가장 작은 두 자리 수를 만들 때 0을 십의 자리에 놓으면 안 됩니다.

37쪽

1-1 나누는 수와 몫의 곱에 나머지를 더하면 나누어지는 수가 됩니다.

1-2 **서술형 가이드** 나눗셈의 계산 결과가 맞는지 확인하는 방법을 알고 있는지 확인합니다.
채점 기준

상	나눗셈의 계산 결과가 맞는지 확인하는 방법으로 ◆를 바르게 구함.
중	나눗셈의 계산 결과가 맞는지 확인하는 방법은 알고 있으나 계산 과정에서 실수를 함.
하	나눗셈의 계산 결과가 맞는지 확인하는 방법을 모름.

2-1 (전체 이익금)
 =(지우개 1개를 팔았을 때의 이익금)
  ×(판 지우개의 수)

2-2 (전체 이익금)

　＝(도화지 1장을 팔았을 때의 이익금)

　　×(판 도화지의 수)

서술형 가이드 도화지 1장을 팔았을 때의 이익금에 판 도화지의 수를 곱했는지 확인합니다.

채점 기준

상	도화지 1장을 팔았을 때의 이익금에 판 도화지의 수를 곱하여 전체 이익금을 바르게 구함.
중	도화지 1장을 팔았을 때의 이익금에 판 도화지의 수를 곱했으나 계산 과정에서 실수를 함.
하	전체 이익금을 구하는 방법을 모름.

3단계 유형 단원 평가 38~40쪽

01 14080

02 (선으로 연결)

03 12876

04 35972

05 1128에 ○표 ;

예
```
      5 6 4
   ×   2 8
    4 5 1 2
    1 1 2 8
  1 5 7 9 2
```

06 254, 작아야에 ○표 ;
```
         8
  30) 2 5 4
      2 4 0
        1 4
```

07 ④

08 3, 11 ; 예 $25 \times 3 = 75$, $75 + 11 = 86$

09 2, 3, 1　　　10 ④, ⑤

11 (선으로 연결)　　　12 (위부터) ③, ①, ④

13 (선으로 연결)　　　14 16, 8

15 $264 \div 33$, $348 \div 55$에 ○표

16 346, 98, 33908　　　17 ㉡, ㉢

18 765, 40, 30600

19 예 계산 결과가 맞는지 확인하는 방법을 이용하면 $19 \times 37 = 703$, $703 + 15 = 718$이므로 □ 안에 알맞은 수는 718입니다. ; 718

20 예 색종이 1묶음을 팔았을 때의 이익은 $600 - 350 = 250$(원)입니다. 따라서 색종이 40묶음을 팔면 $250 \times 40 = 10000$(원)의 이익이 남습니다. ; 10000원

38쪽

01 $352 \times 40 = 14080$

02 $536 \times 20 = 10720$, $284 \times 70 = 19880$

03 $348 \times 37 = 12876$

04 $782 > 593 > 46$이므로 가장 큰 수는 782이고 가장 작은 수는 46입니다. ➡ $782 \times 46 = 35972$

05 564×2에서 2는 십의 자리 숫자이므로 곱을 십의 자리에 맞추어 써야 하는데 일의 자리에 맞추어 썼습니다.

06 270은 254보다 크므로 254에서 270을 뺄 수 없습니다. $30 \times 8 = 240$이므로 254보다 작으면서 254에 가장 가까운 수는 240입니다. 따라서 몫을 8로 고쳐서 계산해야 합니다.

07 ① $255 \div 40 = 6 \cdots 15$　② $195 \div 20 = 9 \cdots 15$
　③ $335 \div 80 = 4 \cdots 15$　④ $295 \div 30 = 9 \cdots 25$
　⑤ $315 \div 50 = 6 \cdots 15$
➡ 나머지가 다른 것은 ④입니다.

39쪽

08 나누는 수와 몫의 곱을 구한 후 나머지를 더하면 나누어지는 수가 되는지 확인합니다.

09 $88 \div 22 = 4$, $81 \div 27 = 3$, $70 \div 14 = 5$ ➡ $5 > 4 > 3$

10 나머지는 나누는 수보다 작아야 합니다. ➡ 34보다 작은 수를 찾으면 ④ 30, ⑤ 25입니다.

11 $333 \div 37 = 9$, $336 \div 48 = 7$

13 $555 \div 24 = 23 \cdots 3$
　$603 \div 27 = 22 \cdots 9$

14 $680 \div 42 = 16 \cdots 8$

40쪽

15 나누어지는 수의 왼쪽 두 자리 수가 나누는 수보다 작으면 몫이 한 자리 수입니다. $26 < 33$, $41 > 23$, $34 < 55$, $67 > 27$이므로 몫이 한 자리 수인 것은 $264 \div 33$, $348 \div 55$입니다.

다른 풀이
$264 \div 33 = 8$, $417 \div 23 = 18 \cdots 3$,
$348 \div 55 = 6 \cdots 18$, $679 \div 27 = 25 \cdots 4$
➡ 몫이 한 자리 수인 것은 $264 \div 33$, $348 \div 55$입니다.

16 3<4<6<8<9이므로 만들 수 있는 가장 작은 세 자리 수는 346이고 가장 큰 두 자리 수는 98입니다.

➡ 346×98=33908

참고

가장 작은 세 자리 수는 높은 자리부터 작은 수를 차례로 놓고 가장 큰 두 자리 수는 높은 자리부터 큰 수를 차례로 놓아야 합니다.

17 나누어지는 수의 왼쪽 두 자리 수가 나누는 수보다 크거나 같은 나눗셈을 찾습니다.

㉠ 29<30, ㉡ 45=45, ㉢ 18>17, ㉣ 70<83이므로 몫이 두 자리 수인 것은 ㉡, ㉢입니다.

왜 틀렸을까? 나누어지는 수의 왼쪽 두 자리 수가 나누는 수보다 큰 경우 뿐만아니라 나누는 수와 같은 경우에도 몫이 두 자리 수입니다.

다른 풀이

㉠ 293÷30=9…23   ㉡ 458÷45=10…8
㉢ 186÷17=10…16   ㉣ 702÷83=8…38

➡ 몫이 두 자리 수인 것은 ㉡, ㉢입니다.

18 0<4<5<6<7이므로 만들 수 있는 가장 큰 세 자리 수는 765이고 가장 작은 두 자리 수는 40입니다.

➡ 765×40=30600

왜 틀렸을까? 가장 작은 두 자리 수를 만들 때 0을 십의 자리에 놓으면 안 됩니다.

19 나누는 수와 몫의 곱에 나머지를 더하면 나누어지는 수가 됩니다.

서술형 가이드 나눗셈의 계산 결과가 맞는지 확인하는 방법을 알고 있는지 확인합니다.

채점 기준

상	나눗셈의 계산 결과가 맞는지 확인하는 방법으로 ☐ 안에 알맞은 수를 바르게 구함.
중	나눗셈의 계산 결과가 맞는지 확인하는 방법은 알고 있으나 계산 과정에서 실수를 함.
하	나눗셈의 계산 결과가 맞는지 확인하는 방법을 모름.

20 (전체 이익금)

=(색종이 1묶음을 팔았을 때의 이익금)

×(판 색종이의 묶음 수)

서술형 가이드 색종이 1묶음을 팔았을 때의 이익금에 판 색종이의 묶음 수를 곱했는지 확인합니다.

채점 기준

상	색종이 1묶음을 팔았을 때의 이익금에 판 색종이의 묶음 수를 곱하여 전체 이익금을 바르게 구함.
중	색종이 1묶음을 팔았을 때의 이익금에 판 색종이의 묶음 수를 곱했으나 계산 과정에서 실수를 함.
하	전체 이익금을 구하는 방법을 모름.

4 평면도형의 이동

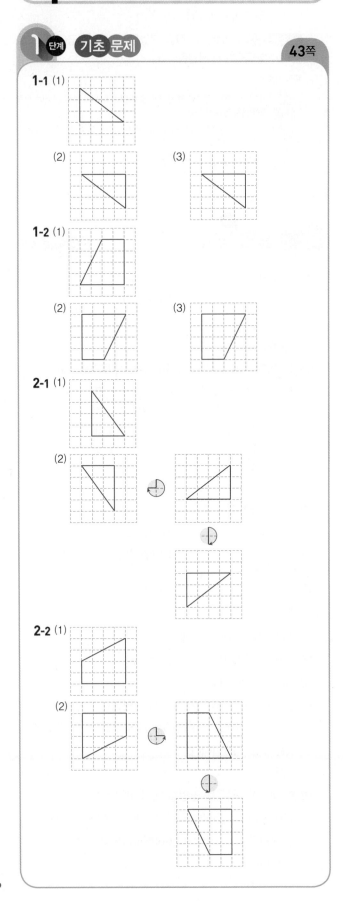

1 단계 기초 문제   43쪽

1-1 (1) 도형을 오른쪽으로 뒤집으면 도형의 왼쪽과 오른쪽이 서로 바뀝니다.

(2), (3) 도형을 아래쪽이나 위쪽으로 뒤집으면 도형의 위쪽과 아래쪽이 서로 바뀝니다.

2-1 (1) 도형을 시계 방향으로 90°만큼 돌리면 도형의 위쪽이 오른쪽으로 이동합니다.

(2) 도형을 시계 방향으로 270°만큼 돌린 도형은 시계 반대 방향으로 90°만큼 돌린 도형과 같습니다.

2-2 (2) 도형을 시계 반대 방향으로 270°만큼 돌린 도형은 시계 방향으로 90°만큼 돌린 도형과 같습니다.

2 단계 기본 유형 44~49쪽

01 (　)(○)

02 (1) | (2)

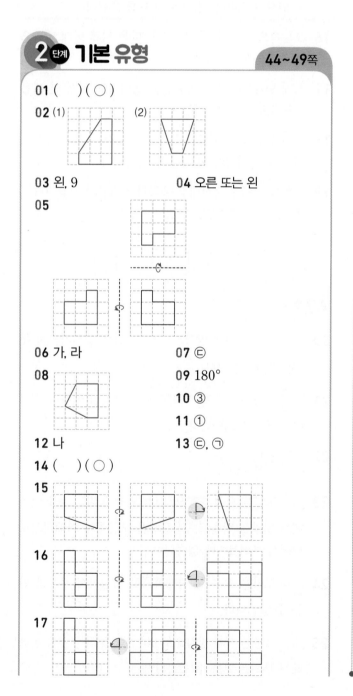

03 왼, 9

04 오른 또는 왼

05

06 가, 라

07 ㉢

08

09 180°

10 ③

11 ①

12 나

13 ㉢, ㉠

14 (　)(○)

15

16

17

18 다릅니다.

19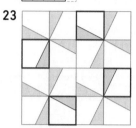

20 돌리기에 ○표

21 보라

22 180°

23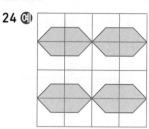

24 ㉘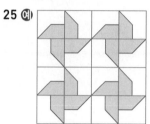

25 ㉘

26 1시

27 (1) 8시 30분　(2) 2시 45분

28 9시 27분

29 5

30 2

31 (1) 52　(2) 821

서술형 유형

1-1 오른, 10

1-2 ㉘ ㉮ 도형은 ㉯ 도형을 왼쪽으로 11 cm 밀어서 이동한 도형입니다.

2-1 뒤집어서에 ○표, 뒤집어서에 ○표

2-2 ㉘ ◢ 모양을 오른쪽과 아래쪽으로 움직일 때마다 시계 방향으로 180°만큼씩 돌려서 무늬를 만들었습니다.

44쪽

01 모양 조각을 어느 방향으로 밀어도 모양은 변화가 없습니다.

02 도형을 어느 방향으로 밀어도 모양은 그대로입니다.

03

➡ 이동한 방향: 왼쪽
이동한 거리: 한 점을 기준으로 잡고 이동한 모눈 칸 수를 세어 보면 9칸이므로 9 cm 이동했습니다.

04 도형의 왼쪽과 오른쪽이 서로 바뀌었으므로 오른쪽 또는 왼쪽으로 뒤집은 것입니다.

05 도형을 왼쪽으로 뒤집으면 도형의 왼쪽과 오른쪽이 서로 바뀌고, 도형을 위쪽으로 뒤집으면 도형의 위쪽과 아래쪽이 서로 바뀝니다.

06 주어진 도형을 각 방향으로 뒤집은 도형을 각각 그리면 다음과 같습니다.

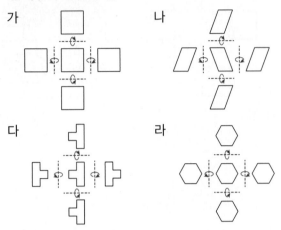

➡ 어느 방향으로 뒤집어도 방향이 변하지 않는 도형을 찾으면 가와 라입니다.

참고
• 뒤집은 도형의 방향이 같은 경우
① 위쪽으로 뒤집은 도형과 아래쪽으로 뒤집은 도형은 방향이 서로 같습니다.
② 오른쪽으로 뒤집은 도형과 왼쪽으로 뒤집은 도형은 방향이 서로 같습니다.

45쪽

07 위쪽이 오른쪽으로 이동한 모양 조각을 찾습니다.

08 도형을 시계 반대 방향으로 90°만큼 돌리면 도형의 위쪽이 왼쪽으로, 왼쪽이 아래쪽으로 이동합니다.

09 도형의 위쪽이 아래쪽으로 이동했으므로 시계 방향으로 180°만큼 돌린 것입니다.

10 화살표 끝이 같은 곳을 가리키는 것을 찾으면 ③입니다.

참고

11

12 가: 시계 방향으로 180°만큼 돌린 도형
다: 시계 방향으로 90°만큼 돌린 도형
➡ 나는 돌려서 나올 수 없습니다.

46쪽

13 • 도형을 오른쪽으로 뒤집으면 도형의 왼쪽과 오른쪽이 서로 바뀝니다.
• 도형을 시계 방향으로 180°만큼 돌리면 도형의 위쪽이 아래쪽으로, 도형의 오른쪽이 왼쪽으로 이동합니다.

14 시계 반대 방향으로 180°만큼 돌리면 삼각형이 왼쪽 아래로 이동하고, 이 모양 조각을 다시 아래쪽으로 뒤집으면 삼각형이 왼쪽 위로 이동합니다.

15 도형의 왼쪽과 오른쪽이 서로 바뀐 도형을 다시 도형의 위쪽이 오른쪽으로 이동하도록 그립니다.

16 오른쪽으로 뒤집기를 먼저 한 다음 시계 반대 방향으로 90°만큼 돌립니다.

17 시계 반대 방향으로 90°만큼 돌리기를 먼저 한 다음 오른쪽으로 뒤집습니다.

18 도형을 움직인 방법이 같더라도 순서가 다르면 움직인 후 도형의 방향이 다를 수 있습니다.

19 도형을 주어진 순서대로 움직이면 다음과 같습니다.

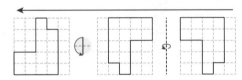

47쪽

20 ◹ 모양을 시계 방향으로 90°만큼씩 돌려가면서 무늬를 만들었습니다.

21 ◸ 모양을 오른쪽, 아래쪽으로 움직일 때마다 뒤집어서 만든 무늬입니다.

22 ◜ ⬭ ◝

23 ◺ 모양을 시계 방향으로 90°만큼 돌리는 것을 반복해서 모양을 만들고, 그 모양을 오른쪽과 아래쪽으로 밀어서 무늬를 만들었습니다.

24 ◿ 모양을 오른쪽, 아래쪽으로 뒤집어서 무늬를 만들 수 있습니다.

25 ◹ 모양을 시계 방향으로 90°만큼 돌리는 것을 반복해서 무늬를 만들 수 있습니다.

48쪽

26 시계를 오른쪽이나 왼쪽으로 뒤집으면 오른쪽과 같습니다. ➡ 1시

(참고)
거울에 비친 시계의 모양은 시계를 오른쪽이나 왼쪽으로 뒤집은 것과 같습니다.

27 시계를 오른쪽이나 왼쪽으로 뒤집으면 다음과 같습니다.

(1)   (2)

➡ 8시 30분   ➡ 2시 45분

28 짧은바늘이 9와 10 사이에 있으므로 9시이고 긴바늘이 5에서 작은 눈금 2칸 더 갔으므로 27분입니다.

➡ 9시 27분

(왜 틀렸을까?) 긴바늘이 6에서 작은 눈금 3칸 더 갔다고 생각하면 안 됩니다. 시곗바늘은 항상 숫자가 작은 쪽에서 큰 쪽으로 돌아가므로 긴바늘은 5에서 작은 눈금 2칸 더 갔습니다.

29

30

31 (1)

(2) 851 ◁▷ 158 ◁▷ 821

(왜 틀렸을까?) 두 자리 수와 세 자리 수에서 숫자를 각각 움직이는 것이 아니라 수 전체를 한꺼번에 움직여야 합니다.

49쪽

1-2 (서술형 가이드) ㉯ 도형을 이동한 방법을 바르게 설명했는지 확인합니다.

채점 기준

상	도형의 이동 방법을 바르게 설명함.
중	도형의 이동 방법을 설명했으나 미흡함.
하	도형의 이동 방법을 모름.

2-1 ◺ 모양을 오른쪽으로 뒤집어서

모양(◺◿◺)을 만들고, 그 모양을 아래쪽으로 뒤집어서 무늬를 만들었습니다.

2-2 (서술형 가이드) 모양으로 무늬 만드는 방법을 바르게 설명했는지 확인합니다.

채점 기준

상	무늬 만드는 방법을 바르게 설명함.
중	무늬 만드는 방법을 설명했으나 미흡함.
하	무늬 만드는 방법을 모름.

3단계 유형 단원 평가   50~52쪽

01 ( )(○)

02

03 위 또는 아래

04   **05**

06 90°   **07** ③

08 다   **09** (○)( )

10

11

12 수지   **13** 90°

14 예

15 4시 30분   **16** 5

17 8시 16분   **18** 582

19 예 ㉮ 도형은 ㉯ 도형을 왼쪽으로 9 cm, 위쪽으로 2 cm 밀어서 이동한 도형입니다.

20 예 주어진 글자를 왼쪽으로 뒤집으면 다음과 같습니다.

ᴀꓭꓱꓞꓙᴀ

➡ 왼쪽으로 뒤집었을 때의 모양이 처음과 같은 글자는 A, H로 모두 2개입니다. ; 2개

50쪽

01 모양 조각을 어느 방향으로 밀어도 모양은 변화가 없습니다.

02 도형을 어느 방향으로 밀어도 모양은 그대로입니다.

03 도형의 위쪽과 아래쪽이 서로 바뀌었으므로 위쪽 또는 아래쪽으로 뒤집은 것입니다.

04 도형을 오른쪽으로 뒤집으면 도형의 왼쪽과 오른쪽이 서로 바뀝니다.

05 도형을 시계 방향으로 180°만큼 돌리면 도형의 위쪽이 아래쪽으로 이동합니다.

06 도형의 위쪽이 왼쪽으로 이동했으므로 시계 반대 방향으로 90°만큼 돌린 것입니다.

07 화살표 끝이 가리키는 곳이 같으면 돌렸을 때의 도형이 서로 같습니다.
따라서 ⊞와 같이 돌린 도형은 ⊟와 같이 돌린 도형과 같습니다.

51쪽

08 가: 시계 반대 방향으로 90°만큼 돌린 도형
나: 시계 반대 방향으로 180°만큼 돌린 도형
➡ 다는 돌려서 나올 수 없습니다.

09 시계 방향으로 180°만큼 돌리면 삼각형이 왼쪽으로 이동하고, 이 모양 조각을 다시 오른쪽으로 뒤집으면 삼각형이 오른쪽으로 이동합니다.

10 도형의 왼쪽과 오른쪽이 서로 바뀐 도형을 다시 도형의 위쪽이 아래쪽으로 이동하도록 그립니다.

11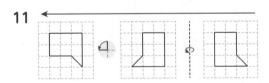

12 ◣ 모양을 오른쪽, 아래쪽으로 움직일 때마다 뒤집어서 만든 무늬입니다.

13

14 ▢ 모양을 오른쪽으로 뒤집어서
모양(▭▭▭▭)을 만들고, 그 모양을
아래쪽으로 뒤집어서 무늬를 만들 수 있습니다.

52쪽

15 시계를 오른쪽이나 왼쪽으로 뒤집으면 다음과 같습니다.

 ➡ 4시 30분

참고
거울에 비친 시계의 모양은 시계를 오른쪽이나 왼쪽으로 뒤집은 것과 같습니다.

16

주의
돌리기를 먼저 한 다음 뒤집기를 해야 합니다.

17 짧은바늘이 8과 9 사이에 있으므로 8시이고 긴바늘이 3에서 작은 눈금 1칸 더 갔으므로 16분입니다.
➡ 8시 16분

왜 틀렸을까? 긴바늘이 4에서 작은 눈금 4칸 더 갔다고 생각하면 안 됩니다. 시곗바늘은 항상 숫자가 작은 쪽에서 큰 쪽으로 돌아갑니다.

18

왜 틀렸을까? 세 자리 수에서 숫자를 각각 움직이는 것이 아니라 수 전체를 한꺼번에 움직여야 합니다.

19 ㉮ 도형은 ㉯ 도형을 위쪽으로 2 cm, 왼쪽으로 9 cm 밀어서 이동한 도형이라고 설명할 수도 있습니다.

서술형 가이드 ㉯ 도형을 이동한 방법을 바르게 설명했는지 확인합니다.

채점 기준

상	도형의 이동 방법을 바르게 설명함.
중	도형의 이동 방법을 설명했으나 미흡함.
하	도형의 이동 방법을 모름.

20 **서술형 가이드** 글자를 왼쪽으로 뒤집은 모양을 바르게 그렸는지 확인합니다.

채점 기준

상	왼쪽으로 뒤집었을 때 모양이 변하지 않는 글자를 바르게 찾음.
중	왼쪽으로 뒤집었을 때의 모양이 몇 개 틀림.
하	왼쪽으로 뒤집는 방법을 모름.

5 막대그래프

1단계 기초 문제

1-1 (1) 운동   (2) 학생 수   (3) 학생 수
1-2 (1) 학생 수   (2) 과목   (3) 학생 수
2-1 (1) 3칸

(2) 좋아하는 음식별 학생 수

2-2 (1) 17칸

(2) 받고 싶은 선물별 학생 수

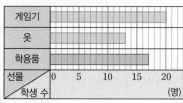

2-1 (1) 군만두를 좋아하는 학생은 3명이고 세로 눈금 한
칸이 1명을 나타내므로 군만두는 세로 눈금 3칸
으로 나타내어야 합니다.

2-2 (1) 학용품을 받고 싶은 학생은 17명이고 가로 눈금 한
칸이 1명을 나타내므로 학용품은 가로 눈금 17칸
으로 나타내어야 합니다.

2단계 기본유형

01 막대그래프
02 과일, 학생 수
03 좋아하는 과일별 학생 수
04 1명
05 좋아하는 계절별 학생 수
06 22명
07 표
08 막대그래프
09 4가지
10 사회
11 수학
12 사회, 국어, 과학, 수학
13 9명
14 2명
15 28명
16 중국
17 2명
18 84명

19 좋아하는 운동별 학생 수

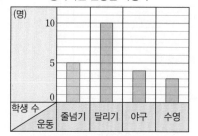

20 취미별 학생 수

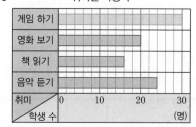

21 규원

22 (나) 배우고 싶은 악기별 학생 수

23 7, 11, 5, 23

24 좋아하는 동물별 학생 수

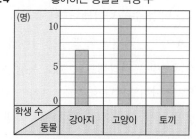

25 좋아하는 동물별 학생 수

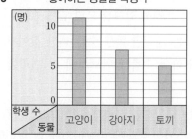

26 8, 5, 7, 20

27 좋아하는 음식별 학생 수

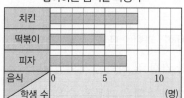

28 좋아하는 음식별 학생 수

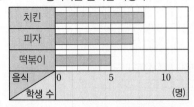

음식 \ 학생 수	0	5	10 (명)
치킨			
피자			
떡볶이			

29 10칸 　　　　　　　　　**30** 8칸

31 4, 26 　　　　　　　　　**32** 21

서술형 유형

1-1 9, 4, 9, 4, 5 ; 5

1-2 ⓔ B형: 5명, O형: 8명

따라서 혈액형이 B형인 학생은 O형인 학생보다

8−5=3(명) 더 적습니다. ; 3명

2-1 5, 5, 4, 9, 5, 9, 14 ; 14

2-2 ⓔ 백합: 8명, 튤립: 8−6=2(명)

따라서 백합이나 튤립을 좋아하는 학생은 모두

8+2=10(명)입니다. ; 10명

56쪽

01 조사한 자료를 막대 모양으로 나타낸 그래프를 막대 그래프라고 합니다.

02 ・가로는 좋아하는 과일을 나타냅니다.
　　・세로는 과일별 학생 수를 나타냅니다.

03 막대의 길이는 좋아하는 과일별 학생 수를 나타냅니다.

04 세로 눈금 5칸이 5명을 나타내므로 세로 눈금 한 칸 은 5÷5=1(명)을 나타냅니다.

05 좋아하는 계절별 학생 수를 조사하여 표와 막대그래 프로 나타낸 것입니다.

06 전체 학생 수는 표에서 합계를 보면 알 수 있습니다.

07 합계는 좋아하는 계절별 학생 수를 더한 값이므로 선 미네 반 전체 학생 수를 알아보기에 더 편리한 것은 표입니다.

08 막대의 길이는 좋아하는 계절별 학생 수를 나타내므 로 학생 수의 크기를 한눈에 비교하기에 더 편리한 것 은 막대그래프입니다.

57쪽

09 국어, 수학, 사회, 과학으로 모두 4가지입니다.

10 막대의 길이가 가장 긴 과목은 사회입니다.

11 막대의 길이가 가장 짧은 과목은 수학입니다.

12 막대의 길이가 긴 것부터 쓰면 사회, 국어, 과학, 수학 입니다.

13 세로 눈금 5칸이 5명을 나타내므로 세로 눈금 한 칸 은 5÷5=1(명)을 나타냅니다.
　➡ 사회는 막대의 길이가 9칸이므로 9명입니다.

14 가로 눈금 5칸이 10명을 나타내므로 가로 눈금 한 칸 은 10÷5=2(명)을 나타냅니다.

15 가로 눈금 한 칸이 2명을 나타내고, 필리핀의 막대의 길이는 가로 눈금 14칸이므로 2×14=28(명)입니다.

16 터키의 학생 수는 10명이고, 학생 수가 10×2=20(명) 인 나라는 중국입니다.

17 일본은 2×13=26(명)이고, 필리핀은 2×14=28(명) 입니다. ➡ 28−26=2(명)

18 일본은 26명, 터키는 10명, 필리핀은 28명, 중국은 20명이므로 모두 26+10+28+20=84(명)입니다.

58쪽

19 세로 눈금 5칸이 5명을 나타내므로 세로 눈금 한 칸 은 5÷5=1(명)을 나타냅니다.
　➡ 달리기는 10칸, 야구는 4칸, 수영은 3칸이 되도록 막대를 그립니다.

20 가로 눈금 5칸이 10명을 나타내므로 가로 눈금 한 칸 은 10÷5=2(명)을 나타냅니다.
　➡ 영화 보기는 20÷2=10(칸), 책 읽기는 16÷2=8(칸), 음악 듣기는 24÷2=12(칸)이 되도록 막대를 그 립니다.

21 막대그래프의 가로와 세로를 바꾸어 나타내어도 조사 한 수는 바뀌지 않고 그대로입니다.

22 막대그래프 ㈎에서 세로 눈금 5칸이 5명을 나타내므 로 세로 눈금 한 칸은 5÷5=1(명)을 나타냅니다.
　➡ 피아노는 10명, 바이올린은 6명, 첼로는 3명, 기 타는 9명입니다.
　막대그래프 ㈏에서 가로 눈금 5칸이 5명을 나타내므 로 가로 눈금 한 칸은 5÷5=1(명)을 나타냅니다.
　➡ 피아노는 10칸, 바이올린은 6칸, 첼로는 3칸, 기 타는 9칸이 되도록 막대를 그립니다.

59쪽

23 동물별로 붙임딱지 수를 세어 봅니다.
　➡ (합계)=7+11+5=23(명)

24 세로 눈금 5칸이 5명을 나타내므로 세로 눈금 한 칸은 $5 \div 5 = 1$(명)을 나타냅니다.

➡ 강아지는 7칸, 고양이는 11칸, 토끼는 5칸이 되도록 막대를 그립니다.

25 $11 > 7 > 5$이므로 학생 수가 많은 동물부터 차례대로 쓰면 고양이, 강아지, 토끼입니다.

26 항목별로 다르게 표시를 하면서 세어 봅니다.

➡ (합계)$= 8 + 5 + 7 = 20$(명)

27 가로 눈금 5칸이 5명을 나타내므로 가로 눈금 한 칸은 $5 \div 5 = 1$(명)을 나타냅니다.

➡ 치킨은 8칸, 떡볶이는 5칸, 피자는 7칸이 되도록 막대를 그립니다.

28 $8 > 7 > 5$이므로 학생 수가 많은 음식부터 차례대로 쓰면 치킨, 피자, 떡볶이입니다.

60쪽

29 (4반의 학생 수)$= 30 - 5 - 8 - 7 = 10$(명)

세로 눈금 한 칸이 1명을 나타내므로 세로 눈금 10칸으로 나타내어야 합니다.

30 (이순신의 학생 수)$= 56 - 28 - 12 = 16$(명)

가로 눈금 한 칸이 $10 \div 5 = 2$(명)을 나타내므로 가로 눈금 $16 \div 2 = 8$(칸)으로 나타내어야 합니다.

왜 틀렸을까? 막대그래프의 가로 눈금 한 칸이 2명을 나타낸다는 것을 먼저 알아보아야 합니다.

주의

주어진 막대그래프에서 눈금 한 칸이 나타내는 학생 수를 알아본 후 가로 눈금의 칸 수를 구해야 합니다.

31 세로 눈금 5칸이 5명을 나타내므로 세로 눈금 한 칸은 $5 \div 5 = 1$(명)을 나타냅니다.

➡ 선생님은 8명, 연예인은 11명, 과학자는 2명, 의사는 5명입니다.

• 장래 희망이 선생님인 학생은 8명, 과학자인 학생은 2명이므로 $8 \div 2 = 4$(배)입니다.

• (조사한 학생 수)$= 8 + 11 + 2 + 5 = 26$(명)

32 좋아하는 동물이 코끼리인 학생은 14명, 기린인 학생은 7명입니다.

➡ $14 + 7 = 21$(명)

왜 틀렸을까? 좋아하는 동물이 코끼리인 학생 수와 기린인 학생 수를 더해야 합니다.

주의

■이거나 ▲인 경우는 ■와 ▲를 포함하는 것입니다.

61쪽

1-2 서술형 가이드 B형인 학생 수와 O형인 학생 수를 각각 구한 후 O형인 학생 수에서 B형인 학생 수를 빼는 풀이 과정이 들어 있어야 합니다.

채점 기준

상	혈액형이 B형인 학생 수와 O형인 학생 수를 각각 구한 후 두 학생 수의 차를 구함.
중	혈액형이 B형인 학생 수와 O형인 학생 수를 구했지만 두 학생 수의 차를 잘못 구함.
하	혈액형이 B형인 학생 수와 O형인 학생 수를 구하지 못함.

2-2 서술형 가이드 백합의 학생 수와 튤립의 학생 수를 각각 구한 후 백합의 학생 수와 튤립의 학생 수를 더하는 풀이 과정이 들어 있어야 합니다.

채점 기준

상	백합의 학생 수와 튤립의 학생 수를 각각 구한 후 두 학생 수의 합을 구함.
중	백합의 학생 수와 튤립의 학생 수를 구했지만 두 학생 수의 합을 잘못 구함.
하	백합의 학생 수와 튤립의 학생 수를 구하지 못함.

3단계 유형평가

62~64쪽

01 4가지
02 바이올린
03 가야금
04 바이올린, 피아노, 플루트, 가야금
05 6명
06 4명
07 48명
08 무당벌레
09 8명
10 164명
11 4, 1, 5, 10

12 좋아하는 운동별 학생 수

13 좋아하는 운동별 학생 수

14 좋아하는 운동별 학생 수

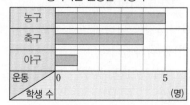

15 8칸   **16** 3, 27

17 14칸   **18** 23

19 📖 경복궁: 4명, 창덕궁: 2명

따라서 경복궁을 가고 싶은 학생은 창덕궁을 가고 싶은 학생의 4÷2=2(배)입니다. ; 2배

20 📖 봄: 3명, 여름: 5명, 가을: 3×2=6(명), 겨울: 4명

따라서 민규네 반 학생은 모두 3+5+6+4=18(명)입니다. ; 18명

62쪽

01 피아노, 바이올린, 플루트, 가야금으로 모두 4가지입니다.

02 막대의 길이가 가장 긴 악기는 바이올린입니다.

03 막대의 길이가 가장 짧은 악기는 가야금입니다.

04 막대의 길이가 긴 것부터 쓰면 바이올린, 피아노, 플루트, 가야금입니다.

05 세로 눈금 5칸이 5명을 나타내므로 세로 눈금 한 칸은 5÷5=1(명)을 나타냅니다.

➡ 플루트는 막대의 길이가 6칸이므로 6명입니다.

06 가로 눈금 5칸이 20명을 나타내므로 가로 눈금 한 칸은 20÷5=4(명)을 나타냅니다.

07 가로 눈금 한 칸이 4명을 나타내고, 장수풍뎅이의 막대의 길이는 가로 눈금 12칸이므로 4×12=48(명)입니다.

08 사슴벌레의 학생 수는 20명이고, 학생 수가 20×2=40(명)인 곤충은 무당벌레입니다.

09 개미는 4×14=56(명)이고, 장수풍뎅이는 4×12=48(명)입니다. ➡ 56−48=8(명)

10 장수풍뎅이는 48명, 개미는 56명, 사슴벌레는 20명, 무당벌레는 40명이므로 모두 48+56+20+40=164(명)입니다.

63쪽

11 운동별로 붙임딱지의 수를 세어 봅니다.

➡ (합계)=4+1+5=10(명)

12 세로 눈금 5칸이 5명을 나타내므로 세로 눈금 한 칸은 5÷5=1(명)을 나타냅니다.

➡ 축구는 4칸, 야구는 1칸, 농구는 5칸이 되도록 막대를 그립니다.

13 1<4<5이므로 학생 수가 적은 운동부터 차례대로 쓰면 야구, 축구, 농구입니다.

14 5>4>1이므로 학생 수가 많은 운동부터 차례대로 쓰면 농구, 축구, 야구입니다.

15 (양파의 학생 수)=27−6−4−9=8(명)

세로 눈금 한 칸이 1명을 나타내므로 세로 눈금 8칸으로 나타내어야 합니다.

16 세로 눈금 5칸이 5명을 나타내므로 세로 눈금 한 칸은 5÷5=1(명)을 나타냅니다.

➡ 바다는 7명, 놀이공원은 9명, 산은 8명, 계곡은 3명입니다.

• 놀이공원에 가고 싶은 학생은 9명, 계곡에 가고 싶은 학생은 3명이므로 9÷3=3(배)입니다.

• (조사한 학생 수)=7+9+8+3=27(명)

64쪽

17 (전갈자리의 학생 수)=99−36−21=42(명)

가로 눈금 한 칸이 15÷5=3(명)을 나타내므로 가로 눈금 42÷3=14(칸)으로 나타내어야 합니다.

왜 틀렸을까? 막대그래프의 가로 눈금 한 칸이 3명을 나타낸다는 것을 먼저 알아보아야 합니다.

18 좋아하는 김치가 물김치인 학생은 15명, 배추김치인 학생은 8명입니다.

➡ 15+8=23(명)

왜 틀렸을까? 좋아하는 김치가 물김치인 학생 수와 배추김치인 학생 수를 더해야 합니다.

19 **서술형 가이드** 경복궁의 학생 수와 창덕궁의 학생 수를 각각 구한 후 경복궁의 학생 수를 창덕궁의 학생 수로 나누어 몫을 구하는 풀이 과정이 들어 있어야 합니다.

채점 기준

상	경복궁의 학생 수와 창덕궁의 학생 수를 각각 구한 후 몇 배인지 구함.
중	경복궁의 학생 수와 창덕궁의 학생 수를 구했지만 몇 배인지 잘못 구함.
하	경복궁의 학생 수와 창덕궁의 학생 수를 구하지 못함.

20 **서술형 가이드** 봄, 여름, 가을, 겨울의 학생 수를 각각 구한 후 학생 수를 모두 더하는 풀이 과정이 들어 있어야 합니다.

채점 기준

상	봄, 여름, 가을, 겨울의 학생 수를 각각 구한 후 전체 학생 수의 합을 구함.
중	봄, 여름, 가을, 겨울의 학생 수를 구했지만 전체 학생 수의 합을 잘못 구함.
하	봄, 여름, 가을, 겨울의 학생 수를 구하지 못함.

6 규칙 찾기

1단계 기초 문제 67쪽

1-1 (1) 10씩 (2) 100씩 (3) 110씩
1-2 (1) 20씩 (2) 200씩 (3) 220씩
2-1 (1) 100 (2) ( )(○)
2-2 (1) 100 (2) (○)( )

1-1 (1) 235　245　255　265　275
　　　　　+10　+10　+10　+10
➡ 가로는 오른쪽으로 10씩 커집니다.

(2) 235　335　435　535
　　　+100　+100　+100
➡ 세로는 아래쪽으로 100씩 커집니다.

(3) 235　345　455　565
　　　+110　+110　+110
➡ ↘ 방향으로 110씩 커집니다.

1-2 (1) 120　140　160　180　200
　　　　+20　+20　+20　+20
➡ 가로는 오른쪽으로 20씩 커집니다.

(2) 120　320　520　720
　　　+200　+200　+200
➡ 세로는 아래쪽으로 200씩 커집니다.

(3) 120　340　560　780
　　　+220　+220　+220
➡ ↘ 방향으로 220씩 커집니다.

2-1 (1)　$10 \times 10 = 100$
　　　　　$10 \times 20 = 200$
　　　　　$10 \times 30 = 300$
　　　　　$10 \times 40 = 400$
　　　10씩 커짐　　100씩 커짐

(2) 곱하는 수는 40보다 10 큰 수인 50이고, 계산 결과는 400보다 100 큰 수인 500입니다.
➡ $10 \times 50 = 500$

2-2 (1)　$200 \div 2 = 100$
　　　　　$400 \div 2 = 200$
　　　　　$600 \div 2 = 300$
　　　　　$800 \div 2 = 400$
　　　200씩 커짐　　100씩 커짐

(2) 나누어지는 수는 800보다 200 큰 수인 1000이고, 계산 결과는 400보다 100 큰 수인 500입니다.
➡ $1000 \div 2 = 500$

2단계 기본 유형 68~73쪽

01 3, 4　　**02** 300, 400
03 303　　**04** 1061
05 ㉡　　**06** 진호
07 22001　　**08** ( )(○)
09 1, 3, 5, 7, 9 ; 1, 2
10 넷째 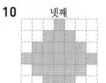　**11** 다섯째  ; 5+6
12 다섯째 ; 5×5　**13** 다섯째 ; 4+5
14 (가)
15 $11111 \times 11111 = 123454321$
16 111111, 111111　**17** $555555 \div 10101 = 55$
18 888888, 10101
19 $12345 \times 9 + 5 = 111110$
20 250, 340 ; 260, 350
21 영지　　**22** 예) 14, 7 ; 예) 15, 8
23 예) 9, 17, 25, 11, 17, 23
24 예) 12, 18, 19, 20, 26, 19, 5
25 (아래부터) 2 ; 96　**26** (1) 2660 (2) 9
27 (1) 7 (2) 35　**28** 10, 10, 1000
29 1000, 1000, 100　**30** 2, 3, 4

서술형 유형

1-1 1 ; 7
1-2 규칙1 예) 왼쪽에서 오른쪽으로 수가 1씩 커집니다.
규칙2 예) 위에서 아래로 수가 5씩 작아집니다.
2-1 4, 2, 3, 4, 5, 15 ; 15
2-2 예) 바둑돌이 2개씩 늘어납니다.
따라서 다섯째 모양을 만들 때 필요한 바둑돌의 개수는 $1+2+2+2+2=9$(개)입니다. ; 9개

68쪽

01 51 $\xrightarrow{+1}$ 52 $\xrightarrow{+2}$ 54 $\xrightarrow{+3}$ 57 $\xrightarrow{+4}$ 61

02 51 $\xrightarrow{+100}$ 151 $\xrightarrow{+200}$ 351 $\xrightarrow{+300}$ 651 $\xrightarrow{+400}$ 1051

03 51 $\xrightarrow{+101}$ 152 $\xrightarrow{+202}$ 354 $\xrightarrow{+303}$ 657

04 가로의 규칙으로 구하기: $1057+4=1061$

> **다른 풀이**
> 세로의 규칙으로 구하기: $661+400=1061$
> ↘ 방향 규칙으로 구하기: $657+404=1061$

05 ㉠ 6013 $\xrightarrow{+100}$ 6113 $\xrightarrow{+100}$ 6213 $\xrightarrow{+100}$ 6313 $\xrightarrow{+100}$ 6413
➡ 가로는 오른쪽으로 100씩 커집니다.

㉡ 6013 $\xrightarrow{+1000}$ 7013 $\xrightarrow{+1000}$ 8013
➡ 세로는 아래쪽으로 1000씩 커집니다.

06 $62005-52004-42003-32002$
➡ 10001씩 작아지는 규칙입니다.

07 ↘ 방향으로 10001씩 작아지는 규칙이므로 32002보다 10001 작은 수는 22001입니다.

69쪽

08 모형이 위쪽과 오른쪽으로 각각 1개씩 늘어나고 있습니다.

09 1 $\xrightarrow{+2}$ 3 $\xrightarrow{+2}$ 5 $\xrightarrow{+2}$ 7 $\xrightarrow{+2}$ 9
➡ 모형의 개수가 1개부터 시작하여 2개씩 늘어납니다.

10 색칠된 모눈의 수를 식으로 나타내면
첫째는 1, 둘째는 $1+3+1=5$,
셋째는 $1+3+5+3+1=13$,
넷째는 $1+3+5+7+5+3+1=25$입니다.

11 보라색 모양: 아래쪽으로 1개씩 늘어납니다.
빨간색 모양: 오른쪽으로 1개씩 늘어납니다.

12 노란색 모양: 위쪽과 오른쪽으로 각각 1개씩 늘어납니다.
초록색 모양: 가로, 세로가 각각 0개, 1개, 2개, 3개, 4개……인 정사각형 모양이 됩니다.

13 파란색 모양: 아래쪽으로 1개씩 늘어납니다.
빨간색 모양: ↘ 방향으로 1개씩 늘어납니다.

70쪽

14 ㈎에서 다음에 알맞은 계산식: $825+152=977$
㈏에서 다음에 알맞은 계산식: $725+221=946$

15 1이 1개씩 늘어나는 두 수를 곱하고 있습니다.
계산 결과의 한가운데 숫자는 그 순서의 숫자가 오고 한가운데를 중심으로 해서 접으면 똑같은 숫자가 서로 만납니다.
➡ 다섯째 곱셈식은 1이 5개인 두 수를 곱합니다.

16 계산 결과의 한가운데 숫자가 6이므로 여섯째 곱셈식을 씁니다.
➡ 여섯째 곱셈식은 1이 6개인 두 수를 곱합니다.

17 ■째 나눗셈식은 각 자리 숫자가 ■로 같은 여섯 자리 수를 10101로 나누면 몫은 각 자리 숫자가 ■로 같은 두 자리 수가 됩니다.
➡ 다섯째: $555555÷10101=55$

18 계산 결과가 88이므로 여덟째 나눗셈식을 씁니다.
➡ 여덟째 나눗셈식은 각 자리 숫자가 8인 여섯 자리 수를 10101로 나눕니다.

19 1, 12, 123, 1234……와 같이 자릿수가 하나씩 늘어난 수에 각각 9를 곱하고 1, 2, 3, 4……와 같이 1씩 늘어난 수를 더하면 10, 110, 1110, 11110……과 같은 계산 결과가 나옵니다.
➡ 다섯째: $12345×9+5=111110$

71쪽

20 ↘ 방향에 있는 연결된 두 수의 합은 ↗ 방향에 있는 연결된 두 수의 합과 같습니다.

21 영지: 세로에 있는 세 수끼리 더하면 한가운데 수의 3배입니다.
현우: 맨 위의 수와 맨 아래 수를 더하면 한가운데 수의 2배여야 합니다.
$1+11=6×2$, $2+12=7×2$, $3+13=8×2$,
$4+14=9×2$, $5+15=10×2$

22 $14-7=7$, $15-7=8$, $16-7=9$, $17-7=10$,
$18-7=11$, $19-7=12$, $20-7=13$……입니다.

> **참고** 〈달력에서 규칙 찾기〉
> • 위의 수에 7을 더하면 아래 수가 됩니다.
> ➡ $1+7=8$, $2+7=9$, $3+7=10$, $4+7=11$……
> • 맨 오른쪽 수에서 맨 왼쪽 수를 빼면 6입니다.
> ➡ $13-7=6$, $20-14=6$, $27-21=6$

23 ＼ 방향에 있는 연결된 세 수의 합은 ／ 방향에 있는 연결된 세 수의 합과 같습니다.

24 주어진 모양 수의 배열에 있는 5개 수의 합은 한가운데 수의 5배입니다.

72쪽

25 $3×2=6$, $6×2=12$, $12×2=24$, $24×2=48$이므로 빈 곳에 알맞은 수는 $48×2=96$입니다.

26 (1) 2000부터 시작하여 오른쪽으로 220씩 커지는 규칙입니다. ➡ $2440+220=2660$

(2) 243부터 시작하여 3으로 나눈 수가 오른쪽에 있습니다. ➡ $27÷3=9$

참고

수 배열에서 수가 커지면 덧셈이나 곱셈의 규칙을 생각하고, 수가 작아지면 뺄셈이나 나눗셈의 규칙을 생각합니다.

27 (1) 1　2　4　[7]　11　16
＋1　＋2　＋3　＋4　＋5

➡ 1, 2, 3, 4, 5만큼 커지고 있습니다.

(2) 5　10　20　[35]　55　80
＋5　＋10　＋15　＋20　＋25

➡ 5, 10, 15, 20, 25만큼 커지고 있습니다.

왜 틀렸을까? 찾은 규칙이 맞는지 주어진 수 배열 전체를 확인해야 합니다.

주의

(1) 1　2　4　■　11　16
×2　×2　×2

앞의 수만 보고 2씩 곱하는 규칙이라고 생각하면 안 됩니다.

(2) 5　10　20　■　55　80
×2　×2　×2

앞의 수만 보고 2씩 곱하는 규칙이라고 생각하면 안 됩니다.

28 곱해지는 수는 10씩 커지고 곱하는 수는 100입니다.
➡ 계산 결과는 $10×100=1000$씩 커집니다.

29 나누어지는 수는 1000씩 커지고 나누는 수는 10입니다.
➡ 계산 결과는 $1000÷10=100$씩 커집니다.

30 나누는 수를 200에서 400, 600, 800으로 ×2, ×3, ×4를 하면 몫은 24에서 12, 8, 6으로 ÷2, ÷3, ÷4가 됩니다.

왜 틀렸을까? 나누어지는 수가 같을 때 나누는 수를 2배, 3배, 4배 하면 몫도 2배, 3배, 4배가 된다고 생각하면 안 됩니다.

73쪽

1-1 규칙1 왼쪽에서 오른쪽으로 수가 1씩 커집니다.
➡ $5+1=6$, $6+1=7$, $7+1=8……$

규칙2 위에서 아래로 수가 7씩 커집니다.
➡ $5+7=12$, $12+7=19$, $19+7=26……$

1-2 ＼ 방향으로 수가 4씩 작아집니다. 등의 규칙이 있습니다.

서술형 가이드 사물함에 나타난 수의 배열에서 규칙을 2가지 찾아 썼는지 확인합니다.

채점 기준

상	규칙 2가지를 바르게 씀.
중	규칙을 1가지만 씀.
하	규칙을 쓰지 못함.

2-1 다섯째

➡ $1+2+3+4+5=15$(개)

2-2 서술형 가이드 바둑돌의 배열을 보고 규칙을 찾아 다섯째 모양의 바둑돌의 개수를 바르게 구했는지 확인합니다.

채점 기준

상	규칙을 찾아 바둑돌의 개수를 바르게 구함.
중	규칙은 찾았으나 바둑돌의 개수를 잘못 구함.
하	규칙을 찾지 못함.

3단계 유형 단원평가

74~76쪽

01 30, 40　　02 300, 400
03 330　　04 1120
05 (○) (　)

06 넷째
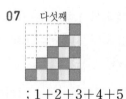
; 20

07 다섯째
; $1+2+3+4+5$

08 $9×1000005=9000045$
09 9, 100000005　　10 $5252÷101=52$
11 9292, 101　　12 예 19, 20 ; 예 26, 27
13 예 13, 21, 14, 20
14 예 8, 10, 16, 22, 24, 16, 5
15 (1) 2100　(2) 108　　16 1000, 1000, 100
17 14　　18 2, 3, 4

19 예 5부터 시작하여 4를 곱한 수가 오른쪽에 있습니다.
➡ 빈칸에 알맞은 수는 320에 4를 곱한 수이므로
320×4＝1280입니다. ; 1280

20 예 바둑돌이 3개씩 늘어납니다.
따라서 다섯째 모양을 만들 때 필요한 바둑돌의 개수는 1＋3＋3＋3＋3＝13(개)입니다. ; 13개

74쪽

01 20 30 50 80 120
＋10 ＋20 ＋30 ＋40

02 20 120 320 620 1020
＋100 ＋200 ＋300 ＋400

03 20 130 350 680
＋110 ＋220 ＋330

04 가로의 규칙으로 구하기: 1080＋40＝1120

다른 풀이
세로의 규칙으로 구하기: 720＋400＝1120
↘ 방향 규칙으로 구하기: 680＋440＝1120

05 한가운데 모형을 중심으로 왼쪽과 오른쪽, 위쪽과 아래쪽으로 각각 1개씩 늘어나는 규칙입니다.

06 바둑돌이 5개씩 많아지는 규칙입니다.
5 10 15 20
＋5 ＋5 ＋5

07 보라색 모양과 노란색 모양이 번갈아가며 1개씩 늘어납니다.
➡ 다섯째: 넷째 모양에 보라색이 5개 늘어납니다.

75쪽

08 9에 0이 1개씩 늘어나는 수를 곱하면 계산 결과는 945부터 시작하여 9와 4 사이에 0이 1개씩 늘어납니다.

09 계산 결과의 9와 4 사이에 0이 6개이므로 일곱째 곱셈식을 씁니다.
➡ 일곱째 곱셈식은 9에 0이 7개인 수를 곱합니다.

10 ■째 나눗셈식은 네 자리 수 ■2■2를 101로 나누면 몫은 두 자리 수 ■2가 됩니다.
➡ 다섯째: 5252÷101＝52

11 계산 결과가 92이므로 아홉째 나눗셈식을 씁니다.
➡ 네 자리 수 9292를 101로 나눕니다.

13 ↘ 방향에 있는 연결된 두 수의 합은 ↗ 방향에 있는 연결된 두 수의 합과 같습니다.

14 ⬛ 모양 수의 배열에 있는 5개 수의 합은 한가운데 수의 5배입니다.
➡ 4＋6＋12＋18＋20＝12×5,
5＋7＋13＋19＋21＝13×5,
8＋10＋16＋22＋24＝16×5……

76쪽

15 (1) 3000부터 시작하여 오른쪽으로 300씩 작아지는 규칙입니다.
➡ 2400－300＝2100
(2) 4부터 시작하여 3을 곱한 수가 오른쪽에 있습니다.
➡ 36×3＝108

16 나누어지는 수는 1000씩 작아지고 나누는 수는 10입니다.
➡ 계산 결과는 1000÷10＝100씩 작아집니다.

17 2 4 8 14 22 32
＋2 ＋4 ＋6 ＋8 ＋10
➡ 2, 4, 6, 8, 10만큼 커지고 있습니다.

왜 틀렸을까? 찾은 규칙이 맞는지 주어진 수 배열 전체를 확인해야 합니다. 앞의 수만 보고 2배 하는 규칙이라고 생각하면 안 됩니다.

18 나누는 수를 100에서 200, 300, 400으로 ×2, ×3, ×4를 하면 몫은 60에서 30, 20, 15로 ÷2, ÷3, ÷4가 됩니다.

왜 틀렸을까? 나누어지는 수가 같을 때 나누는 수를 2배, 3배, 4배 하면 몫도 2배, 3배, 4배가 된다고 생각하면 안 됩니다.

19 서술형 가이드 수 배열을 보고 규칙을 찾아 빈칸에 알맞은 수를 구했는지 확인합니다.

채점 기준

상	규칙을 찾아 알맞은 수를 구함.
중	규칙은 찾았으나 수를 구하지 못함.
하	규칙을 찾지 못함.

20 서술형 가이드 바둑돌의 배열을 보고 규칙을 찾아 다섯째 모양의 바둑돌의 개수를 바르게 구했는지 확인합니다.

채점 기준

상	규칙을 찾아 바둑돌의 개수를 바르게 구함.
중	규칙은 찾았으나 바둑돌의 개수를 잘못 구함.
하	규칙을 찾지 못함.

Book **2** 정답 및 풀이

1 큰 수

6쪽

01 83285790 ➡ ㉠은 ㉡보다 왼쪽으로 세 자리 앞에 있
㉠ ㉡   으므로 1000배입니다.

왜 틀렸을까? ㉠은 ㉡보다 왼쪽으로 세 자리 앞에 있다는 것을 잘못 세었습니다.

다른 풀이
㉠은 천만의 자리 숫자이므로 나타내는 값은 8000만이고 ㉡은 만의 자리 숫자이므로 나타내는 값은 8만입니다. 따라서 ㉠이 나타내는 값은 ㉡이 나타내는 값의 1000배입니다.

02 964537000 ➡ 9÷3=3이고 ㉠은 ㉡보다 왼쪽으로 네
㉠ ㉡   자리 앞에 있으므로 30000배입니다.

왜 틀렸을까? 9는 3의 3배임을 잘못 구하거나 ㉠은 ㉡보다 왼쪽으로 네 자리 앞에 있다는 것을 잘못 세었습니다.

다른 풀이
㉠은 억의 자리 숫자이므로 나타내는 값은 9억이고 ㉡은 만의 자리 숫자이므로 나타내는 값은 3만입니다. 따라서 ㉠이 나타내는 값은 ㉡이 나타내는 값의 30000배입니다.

03 두 수의 자릿수는 같습니다.
52⑨02689 < 5293☐187
└─ 0<3 ─┘

왜 틀렸을까? 52☐02689의 ☐ 안에 9를 넣은 후 두 수의 만의 자리 숫자를 잘못 비교하였습니다.

참고
52☐02689와 5293☐187을 높은 자리 숫자부터 비교하면 천만, 백만의 자리 숫자는 같습니다. 52☐02689의 ☐ 안에

9보다 작은 숫자가 들어가면 ⑩ 52⑧02689 < 5293☐187입니다.
52☐02689의 ☐ 안에 9를 넣으면 52⑨026890이고 이때 두 수의 만의 자리 숫자를 비교하면 0<3이므로 52⑨02689 < 5293☐187입니다. 즉, 52☐02689의 ☐ 안에 가장 큰 9를 넣어도 5293☐187이 더 큽니다.

04 두 수의 자릿수는 같습니다.
801☐00000 < 8⓪2900000
└─ 1<2 ─┘

왜 틀렸을까? 8☐2900000의 ☐ 안에 0을 넣은 후 두 수의 백만의 자리 숫자를 잘못 비교하였습니다.

참고
801☐00000과 8☐2900000을 높은 자리 숫자부터 비교하면 억의 자리 숫자는 같습니다. 8☐2900000의 ☐ 안에 0보다 큰 숫자가 들어가면 ⑩ 801☐00000 < 8①2900000입니다. 8☐2900000의 ☐ 안에 0을 넣으면 8⓪2900000이고 이때 두 수의 백만의 자리 숫자를 비교하면 1<2이므로 801☐00000 < 8⓪2900000입니다. 즉, 8☐2900000의 ☐ 안에 가장 작은 0을 넣어도 8☐29000000이 더 큽니다.

05 두 수의 자릿수는 같습니다.
4701☐00000 < 47⓪38☐1244
└─ 1<3 ─┘

왜 틀렸을까? 47☐38☐1244의 높은 자리 ☐ 안에 0을 넣은 후 두 수의 백만의 자리 숫자를 잘못 비교하였습니다.

참고
4701☐00000과 47☐38☐1244를 높은 자리 숫자부터 비교하면 십억, 억의 자리 숫자는 같습니다. 47☐38☐1244의 높은 자리 ☐ 안에 0보다 큰 숫자가 들어가면 ⑩ 4701☐00000 < 47①38☐1244입니다. 47☐38☐1244의 높은 자리 ☐ 안에 0을 넣으면 47⓪38☐1244이고 이때 두 수의 백만의 자리 숫자를 비교하면 1<3이므로 4701☐00000 < 47⓪38☐1244입니다. 즉, 47☐38☐1244의 높은 자리 ☐ 안에 가장 작은 0을 넣어도 47☐38☐1244가 더 큽니다.

7쪽

06 억의 자리 숫자가 8이고, 만의 자리 숫자가 3인 10자리 수는 ☐8☐☐☐3☐☐☐☐입니다.
이 중에서 가장 작은 수는 1800030000입니다.

왜 틀렸을까? 10자리 수를 만들 때 0800030000은 800030000과 같으므로 0은 십억의 자리에 올 수 없습니다.

주의
수를 만들 때 0은 가장 높은 자리에 올 수 없습니다.

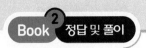

07 백억의 자리 숫자가 7인 12자리 수는

☐7☐☐☐☐☐☐☐☐☐☐입니다.

큰 수이면서 0이 5개 있어야 하므로

☐7☐☐☐☐☐0 0 0 0 0입니다.

이 중에서 가장 큰 수는 979999900000입니다.

왜 틀렸을까? 0이 5개 있는 가장 큰 수이므로 일의 자리부터 만의 자리까지 0을 차례대로 5개 넣어야 합니다.

08 표의 마지막 칸에서 새롬이가 빙고라고 썼으므로 새롬이가 생각한 수는 171억입니다.

152억<171억 ➡ 업

190억>171억 ➡ 다운

185억>171억 ➡ 다운

169억<171억 ➡ 업

09

영화	억의 자리 숫자	십만의 자리 숫자
극한직업	6	5
명량	7	4
아바타	3	3
어벤져스_엔드게임	4	1
신과 함께_죄와 벌	7	5

따라서 매출액의 억의 자리 숫자와 십만의 자리 숫자가 같은 영화는 아바타입니다.

125304346000 ➡ 1253억 434만 6000

➡ 천이백오십삼억 사백삼십사만 육천

참고

수를 일의 자리부터 네 자리씩 끊어 높은 자리부터 단위를 붙여서 읽습니다. 이때 자리의 숫자가 0이면 숫자와 자릿값을 읽지 않습니다.

다르지만 같은 유형 | 8~9쪽

01 (1) > (2) <

02 ㉢

03 ⓓ 3708억 6200만은 3708620000000이므로 12자리 수입니다. 수출액과 수입액의 자릿수는 같고 천억의 자리부터 천만의 자리까지 같으므로 백만의 자리 숫자를 비교하면 2>1입니다.

따라서 3708억 6200만이 더 큰 수이므로 수출액이 더 많습니다. ; 수출액

04 (1) 50억, 500억, 5000억 (2) 2800만, 28억

05 ④

---

06 ⓓ 어떤 수를 100배 한 수가 310억 8400만이므로 어떤 수를 10000배 한 수는 310억 8400만을 100배 한 수입니다.

31084000000의 100배 ➡ 3108400000000

➡ 3조 1084억

; 3조 1084억

07 100000씩 또는 10만씩

08 136조, 148조 **09** 2억

10 1560억 **11** 95640

12 209430원 **13** 5

8쪽

01~03 **핵심**

수로 나타내어지지 않은 것을 수로 나타내어 크기를 비교할 수 있어야 합니다.

01 (1) 53만 1408 ➡ 531408 > 58926

(6자리 수)　(5자리 수)

(2) 6억 8427 ➡ 600008427 < 600008500

4<5

02 자릿수가 다르면 자릿수가 많은 수가 더 큽니다.

㉠ 726300000 (9자리 수)

㉡ 54억 800만 ➡ 5408000000 (10자리 수)

㉢ 150억 80만 ➡ 15000800000 (11자리 수)

➡ ㉢>㉡>㉠

03 **서술형가이드** 두 수를 같은 형태로 고쳐서 나타낸 후 두 수의 자릿수와 백만의 자리 숫자를 비교하는 풀이 과정이 들어 있어야 합니다.

채점 기준

상	두 수를 같은 형태로 고쳐서 나타낸 후 두 수의 크기를 바르게 비교함.
중	두 수를 같은 형태로 고쳐서 나타내었지만 두 수의 크기를 잘못 비교함.
하	두 수를 같은 형태로 고쳐서 나타내지 못함.

04~06 **핵심**

어떤 수를 10배, 100배……하면 어떤 수 뒤에 0이 1개, 2개…… 붙는 것을 이용할 수 있어야 합니다.

04 (1) 어떤 수를 10배 하면 어떤 수 뒤에 0이 1개 붙습니다.

5억의 10배 ➡ 50억, 50억의 10배 ➡ 500억,

500억의 10배 ➡ 5000억

(2) 어떤 수를 100배 하면 어떤 수 뒤에 0이 2개 붙습니다.

28만 ➡ 2800만, 2800만 ➡ 28억

05 3억의 100배 ➡ 300억, 300억의 10배 ➡ 3000억

06 서술형 가이드 어떤 수를 10000배 한 수는 어떤 수를 100배 한 수를 100배 하여 구하면 된다는 것을 이용한 풀이 과정이 들어 있어야 합니다.

채점 기준

상	310억 8400만을 100배 하면 된다는 것을 이용하여 바르게 구함.
중	310억 8400만을 100배 하면 된다는 것을 알았지만 잘못 구함.
하	310억 8400만을 100배 하면 된다는 것을 모름.

다른 풀이
어떤 수를 100배 한 수가 310억 8400만이므로
어떤 수는 3억 1084만입니다.
310840000의 10000배 ➡ 3108400000000
　　　　　　　　　　　➡ 3조 1084억

9쪽

07~10 핵심
어느 자리의 숫자가 얼마씩 변하는지 확인하여 뛰어 세기를 할 수 있어야 합니다.

07 십만의 자리 숫자가 1씩 커지고 있으므로 100000씩 뛰어 센 것입니다.

08 눈금 5칸이 10조를 나타내므로 눈금 한 칸은 2조를 나타냅니다.

09 29억 500만에서 4번 뛰어 세어 8억이 커졌으므로 2억씩 뛰어 세었습니다.
따라서 ㉡은 ㉠보다 2억만큼 더 큰 수입니다.

10 6420억 ─ □ ─ □ ─ 7020억 이므로 200억씩 뛰어 센 것입니다. 200억씩 4번 뛰어 세면 800억이 커지므로 760억에서 4번 뛰어 센 수는 1560억입니다.

11~13 핵심
단위별 수 또는 종류별 금액이 얼마인지를 구할 수 있어야 합니다.

11 10000이 9개이면　90000
　　　1000이 5개이면　　5000
　　　100이 6개이면　　　600
　　　10이 4개이면　　　　40
　　　　　　　　　　　95640

12 10000원짜리 20장이면　200000원
　　　1000원짜리　8장이면　　8000원
　　　100원짜리 14개이면　　1400원
　　　10원짜리　3개이면　　　　30원
　　　　　　　　　　　　209430원

13 50000원짜리　1장이면　50000원
　　　10000원짜리 12장이면 120000원
　　　1000원짜리 □장이면　□000원
　　　100원짜리 40개이면　　4000원
　　　　　　　　　　　　179000원
➡ □+4=9이므로 □=9-4=5입니다.

응용 유형

01 19장　　　　　　　　　**02** 250만
03 ㉡, ㉢, ㉠
04 100000배 또는 10만 배
05 90330000 또는 9033만
06 44442②④□□□
　　　　㉠
07 17개　　　　　　　　　**08** 250억
09 99장　　　　　　　　　**10** ㉮
11 3540억　　　　　　　　**12** 254310
13 ㉡, ㉠, ㉢
14 1000000배 또는 100만 배
15 9006000000
16 8882④②□□□□
　　　　㉠
17 18개　　　　　　　　　**18** 65004280

10쪽

01 수표의 수가 가장 적게 바꾸려면 100만 원짜리로 최대한 많이 바꿔야 합니다.
14500000은 100만이 14개, 10만이 5개인 수입니다.
따라서 100만 원짜리 수표 14장과 10만 원짜리 수표 5장으로 바꾸면 되므로 모두 14+5=19(장)입니다.

참고
수표의 수를 가장 적게 하려면 큰 금액의 수표의 수가 최대한 많아야 합니다.

02 100만씩 3번 뛰어 세어 520만이 되었으므로 520만에서 100만씩 3번 작아지도록 뛰어 센 수가 ㉮입니다.
520만-420만-320만-220만이므로 ㉮는 220만입니다.
바르게 뛰어 세려면 220만에서 10만씩 3번 뛰어 세면 됩니다.
따라서 220만-230만-240만-250만입니다.

03 세 수의 자릿수는 같습니다.

㉠ 25⑨364628 ➡ 만의 자리 숫자가 가장 작습니다.

㉡ 25937⓪935 ➡ 백의 자리 숫자가 ㉢보다 큽니다.

㉢ 2593708▢▢

➡ ㉡>㉢>㉠

11쪽

04 만들 수 있는 가장 큰 수는 9876543210이고, 가장 작은 수는 1023456789입니다.

9876543210에서 숫자 7은 천만의 자리 숫자이므로 70000000을 나타내고 1023456789에서 숫자 7은 백의 자리 숫자이므로 700을 나타냅니다.

➡ 70000000은 700의 100000배입니다.

주의

수를 만들 때 0부터 9까지의 숫자를 중복되어 사용하지 않도록 주의합니다.

05 9000만보다 크고 1억보다 작은 수이므로 가장 높은 자리는 천만의 자리이고 숫자는 9입니다. 천만의 자리 숫자가 9, 십만의 자리 숫자가 3, 만의 자리 숫자가 3인 수는 9▢33▢▢▢▢입니다.

각 자리의 숫자의 합이 15이므로 나머지 자리 숫자는 모두 0입니다.

따라서 조건을 모두 만족하는 수는 90330000입니다.

06 ㉠은 천만의 자리 숫자이므로 4000만을 나타냅니다.

㉠이 나타내는 값은 ㉡이 나타내는 값의 2000배이므로 ㉡은 만의 자리이고 자리 숫자는 2입니다.

또 ㉠이 나타내는 값은 ㉢이 나타내는 값의 10000배이므로 ㉢은 천의 자리이고 자리 숫자는 4입니다.

참고

• (㉡이 나타내는 값)×2000=(㉠이 나타내는 값)
• (㉢이 나타내는 값)×10000=(㉠이 나타내는 값)

12쪽

07 문제 분석

07 ❶㉠과 ㉡을 각각 수로 나타내었을 때, / ❷두 수에 있는 숫자 0은 모두 몇 개입니까?

㉠ 4005억 860
㉡ 632조 154만

❶ ㉠과 ㉡을 각각 수로 나타냅니다.
❷ ❶에서 나타낸 두 수에 있는 숫자 0의 개수의 합을 구합니다.

❶㉠ 4005억 860 ➡ 400500000860

➡ 0이 8개

㉡ 632조 154만 ➡ 632000001540000

➡ 0이 9개

❷따라서 0은 모두 8+9=17(개)입니다.

08 문제 분석

08 ❶㉠은 ▲씩 뛰어 센 것이고, ㉡은 ●씩 뛰어 센 것입니다. / ❷▲+●를 구하시오.

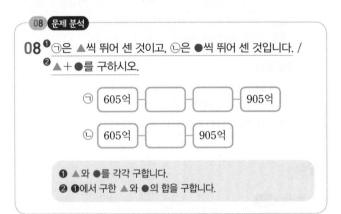

❶ ▲와 ●를 각각 구합니다.
❷ ❶에서 구한 ▲와 ●의 합을 구합니다.

❶905억−605억=300억

㉠은 ▲씩 3번 뛰어 센 것이므로 ▲=100억이고,

㉡은 ●씩 2번 뛰어 센 것이므로 ●=150억입니다.

❷➡ ▲+●=100억+150억=250억

09 수표의 수가 가장 적게 바꾸려면 1000만 원짜리로 최대한 많이 바꿔야 합니다.

79200000은 1000만이 7개, 10만이 92개인 수입니다.

따라서 1000만 원짜리 수표 7장과 10만 원짜리 수표 92장으로 바꾸면 되므로 모두 7+92=99(장)입니다.

10 문제 분석

10 ❷두 수의 크기를 비교하여 더 큰 수를 찾아 기호를 쓰시오.

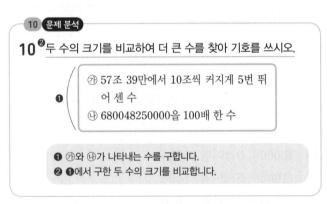

❶ ㉮와 ㉯가 나타내는 수를 구합니다.
❷ ❶에서 구한 두 수의 크기를 비교합니다.

❶㉮ 57조 39만에서 10조씩 커지게 5번 뛰어 세면 50조가 커지므로 107조 39만입니다.

㉯ 6800억 4825만을 100배 한 수는 68조 48억 2500만입니다.

❷따라서 ㉮는 15자리 수이고 ㉯는 14자리 수이므로 ㉮가 더 큽니다.

참고

자릿수가 다르면 자릿수가 많은 수가 더 큽니다.

11 100억씩 3번 뛰어 세어 840억이 되었으므로 840억에서 100억씩 3번 작아지도록 뛰어 센 수가 ㉮입니다.
840억－740억－640억－540억이므로 ㉮는 540억입니다.
바르게 뛰어 세려면 540억에서 1000억씩 3번 뛰어 세면 됩니다.
따라서 540억－1540억 －2540억－3540억입니다.

12 문제 분석

12 ❶숫자 카드를 모두 한 번씩만 사용하여 30만보다 작은 6자리 수를 만들려고 합니다. / ❷만들 수 있는 수 중에서 가장 큰 수를 구하시오.

[0] [1] [2] [3] [4] [5]

❶ 십만의 자리에 올 수 있는 숫자를 알아봅니다.
❷ 가장 큰 수를 만들려면 ❶에서 알아본 숫자 중 어떤 숫자가 알맞은지 알아본 후 수를 만듭니다.

❶30만보다 작은 6자리 수를 만들어야 하므로 십만의 자리에는 3보다 작은 숫자 중 0을 제외한 1 또는 2가 올 수 있습니다.
❷가장 큰 수를 만들어야 하므로 십만의 자리에 2를 쓰고 남은 숫자를 큰 숫자부터 차례로 쓰면 254310입니다.

13쪽

13 세 수의 자릿수는 같습니다.
㉠ 8970708□□
㉡ 89707[0]935 ➡ 백의 자리 숫자가 ㉠보다 큽니다.
㉢ 8[9]7064628 ➡ 만의 자리 숫자가 가장 작습니다.
➡ ㉡>㉠>㉢

14 만들 수 있는 세 번째로 큰 수는 9876543120이고, 세 번째로 작은 수는 1023456879입니다.
9876543120에서 숫자 8은 억의 자리 숫자이므로 800000000을 나타내고 1023456879에서 숫자 8은 백의 자리 숫자이므로 800을 나타냅니다.
➡ 800000000은 800의 1000000배입니다.

15 90억보다 크고 100억보다 작은 수이므로 가장 높은 자리는 십억의 자리이고 숫자는 9입니다.
십억의 자리 숫자가 9, 백만의 자리 숫자가 6인 수는 9□□6□□□□□□입니다.
각 자리의 숫자의 합이 15이므로 나머지 자리 숫자는 모두 0입니다. 따라서 조건을 모두 만족하는 수는 9006000000입니다.

16 ㉠은 억의 자리 숫자이므로 8억을 나타냅니다.
㉠이 나타내는 값은 ㉡이 나타내는 값의 40000배이므로 ㉡은 만의 자리 숫자이고 자리 숫자는 2입니다.
또 ㉠이 나타내는 값은 ㉢이 나타내는 값의 2000배이므로 ㉢은 십만의 자리 숫자이고 자리 숫자는 4입니다.

17 문제 분석

17 ❸㉠이 될 수 있는 수는 모두 몇 개입니까?

- 100456 ⊃ ㉠
- ❶㉠은 6자리 수이고, 백의 자리 숫자가 1입니다.
- ❷㉠은 0이 3개입니다.

❶ 100456보다 작아야 하므로 100□□□이고, 백의 자리 숫자는 1이므로 1001□□입니다.
❷ 1001□□의 □□ 중 어느 곳에 0이 1개 더 들어갈 수 있는지 알아봅니다.
❸ ❶, ❷를 모두 만족하는 수의 개수를 구합니다.

❶100456 ⊃ ㉠이고, ㉠은 6자리 수이므로 100□□□입니다.
㉠은 백의 자리 숫자가 1이므로 1001□□입니다.
❷㉠은 숫자 0이 3개이므로 1001□□의 □ 중 1개의 □는 0입니다.
➡ □□ 안에는 01, 02, 03……09, 10, 20, 30……90이 들어갈 수 있습니다.
❸따라서 ㉠이 될 수 있는 수는 9+9=18(개)입니다.

18 문제 분석

18 ❶8자리 수인 ㉠㉡004280의 천만의 자리 숫자와 백만의 자리 숫자를 바꾸면 / ❷처음 수보다 900만이 작아집니다. / ❸처음 수를 구하시오. (단, ㉠+㉡=11)

❶ ㉠㉡004280의 천만의 자리 숫자와 백만의 자리 숫자를 바꾸면 ㉡㉠004280입니다.
❷ ㉠㉡004280－㉡㉠004280=900만을 이용하여 ㉠과 ㉡의 관계를 알아봅니다.
❸ ❷에서 알아본 ㉠과 ㉡의 관계와 ㉠+㉡=11을 함께 이용하여 ㉠과 ㉡을 구합니다.

❶
```
  ㉠㉡004280
－ ㉡㉠004280
  9000000
```
❷㉠>㉡이고 천만의 자리에서 백만의 자리로 받아내림이 있으므로 ㉠－1－㉡=0, ㉠－㉡=1입니다.
❸㉠－㉡=1, ㉠+㉡=11인 두 수를 찾으면 ㉠=6, ㉡=5입니다.
따라서 처음 수는 65004280입니다.

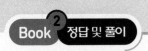
사고력 유형 14~15쪽

1 9상자

2 1000, 1000000, 1000000000, 1000000000000

3 5721634

4 ❶ (1) 61408 (2) 4008006

 ❷ 86040000

14쪽

1 8조 430억 20만 ➡ 8043000200000

필요한 숫자 카드는 8이 1장, 4가 1장, 3이 1장, 2가 1장, 0이 9장이므로 적어도 9상자가 있어야 합니다.

2 • 1조는 10억이 1000개인 수이므로
 1 테라=1000 기가입니다.
 • 10억은 100만이 1000개인 수이므로
 1 기가=1000 메가입니다.
 ➡ 1 테라=1000 기가=1000000 메가
 • 100만은 1000이 1000개인 수이므로
 1 메가=1000 킬로입니다.
 ➡ 1 테라=1000 기가=1000000 메가
   =1000000000 킬로

15쪽

3 • 500만보다 크고 600만보다 작은 수이므로 백만의 자리 숫자는 5입니다.
 • 십만의 자리 숫자가 7이므로
  57☐2163 또는 572163☐입니다.
 • 57☐2163 또는 572163☐ 중에서 짝수가 될 수 있는 수는 572163☐입니다.

짝수 2, 4, 6 중에서 2, 6은 사용했으므로 ☐=4입니다.

따라서 종이에 적혀 있던 일곱 자리 수는 5721634입니다.

4 ❶ (1) 육만 천사백팔 ➡ 6만 1408 ➡ 61408
 (2) 사백만 팔천육 ➡ 400만 8006 ➡ 4008006

 ❷ 글자 카드에서 자리의 단위가 있는 글자는 백, 천, 만이고 이 중에서 가장 큰 단위는 만입니다.
 백, 천, 사, 육, 팔로 만들 수 있는 가장 큰 수는 팔천육백사입니다.
 따라서 가장 큰 수는 팔천육백사만이므로
 8604만 ➡ 86040000입니다.

도전! 최상위 유형 16~17쪽

1 5개   **2** 16

3 5   **4** 37465, 17463

16쪽

1 십억의 자리 숫자가 3이고, 백만의 자리 숫자가 8인 12자리 수는 ☐☐3☐☐8☐☐☐☐☐☐입니다.

 • 8>7>6>4>3>0이므로 가장 높은 자리에 8부터 차례대로 채웁니다. 이때 각 숫자 카드는 3번까지만 사용해야 하고, 한 번씩은 모두 사용합니다.
 ➡ 883778766640
 • 0<3<4<6<7<8이고 가장 높은 자리에 0은 올 수 없으므로 3을 쓰고 0부터 차례대로 채웁니다. 이때 각 숫자 카드는 3번까지만 사용해야 하고, 한 번씩은 모두 사용합니다.
 ➡ 303008344467

가장 큰 수	8	8	3	7	7	8	7	6	6	6	4	0
가장 작은 수	3	0	3	0	0	8	3	4	4	4	6	7
각 자리 숫자의 합	11	8	6	7	7	16	10	10	10	10	10	7

따라서 각 자리 숫자끼리의 합이 10인 자리는 모두 5개입니다.

주의

가장 큰 12자리 수를 만들 때 8837787666444와 같이 숫자 카드 0도 한 번 사용해야 한다는 것을 생각하지 않고 만들거나 가장 작은 12자리 수를 만들 때 303008344466과 같이 숫자 카드 7도 한 번 사용해야 한다는 것을 생각하지 않고 만들지 않도록 주의합니다.

2 ㉠>㉡이라 하면

  ㉠510㉡7800
 −㉡510㉠7800
 ─────────
  1 999 8 0000

억의 자리에서 천만의 자리로 받아내림이 있으므로
㉠−1−㉡=1, ㉠−㉡=2입니다.

㉠과 ㉡은 각각 1부터 9까지의 숫자가 될 수 있는데 이 중에서 ㉠−㉡=2를 만족하는 것은

(㉠, ㉡) ➡ (3, 1), (4, 2), (5, 3), (6, 4), (7, 5), (8, 6), (9, 7)입니다.

따라서 ㉠+㉡의 값이 가장 크게 되는 경우는
㉠=9, ㉡=7일 때이므로 ㉠+㉡=9+7=16입니다.

17쪽

3 서로 다른 숫자 카드이므로 ?는 0, 2, 4, 5, 6, 8, 9 중 하나입니다.

?가 0일 때, 가장 큰 수와 가장 작은 수의 차가 77331100−10013377=67317723이므로 ?는 0이 아닙니다.

?가 2일 때, 가장 큰 수와 가장 작은 수의 차가 77332211−11223377=66108834이므로 ?는 2가 아닙니다.

?가 4일 때, 가장 큰 수와 가장 작은 수의 차가 77443311−11334477=66108834이므로 ?는 4가 아닙니다.

?가 5일 때, 가장 큰 수와 가장 작은 수의 차가 77553311−11335577=66217734이므로 ?는 5입니다.

?가 6일 때, 가장 큰 수와 가장 작은 수의 차가 77663311−11336677=66326634이므로 ?는 6이 아닙니다.

?가 8일 때, 가장 큰 수와 가장 작은 수의 차가 88773311−11337788=77435523이므로 ?는 8이 아닙니다.

?가 9일 때, 가장 큰 수와 가장 작은 수의 차가 99773311−11337799=88435512이므로 ?는 9가 아닙니다.

따라서 ?에 알맞은 숫자는 5입니다.

4 10000보다 크고 40000보다 작은 수이므로 만의 자리 숫자는 1, 2, 3이 될 수 있고, 천의 자리 숫자는 7, 백의 자리 숫자는 4, 십의 자리 숫자는 6입니다.

➡ 1746□, 2746□, 3746□

2로 나누었을 때 나누어떨어지지 않는 수는 홀수이므로 □ 안에는 1, 3, 5, 7, 9가 들어갈 수 있습니다.

조건을 모두 만족하는 수는 17461, 17463, 17465, 17467, 17469, 27461, 27463, 27465, 27467, 27469, 37461, 37463, 37465, 37467, 37469입니다. 따라서 세 번째로 큰 수는 37465이고, 두 번째로 작은 수는 17463입니다.

2 각도

잘 **틀리는** 🔺 **실력 유형**   **20~21쪽**

유형 **01** 30, 150

01 55°, 125°   **02** 45°   **03** 105°

유형 **02** 115, 65

04 80°, 100°   **05** 95°   **06** 85°

유형 **03** 2, 360

07 900°   **08** 540°   **09** 440°

10 15°   **11** 36°

20쪽

01 ㉠=180°−65°−60°=55°

㉡=180°−55°=125°

왜 틀렸을까? 삼각형의 세 각의 크기의 합은 180°, 일직선은 180°임을 알아야 합니다.

참고

삼각형에서 65°+60°+㉠=180°이고

일직선에서 ㉠+㉡=180°이므로

65°+60°+㉠=㉠+㉡에서 ㉡=65°+60°=125°입니다.

➡ 삼각형에서 한 꼭짓점에서의 밖에 있는 각도는 다른 두 꼭짓점의 각도의 합과 같습니다.

02

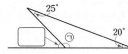

㉠=180°−25°−20°
   =135°

□=180°−135°=45°

왜 틀렸을까? 삼각형에서 모르는 각도를 먼저 구해야 합니다.

다른 풀이

삼각형에서 한 꼭짓점에서의 밖에 있는 각도는 다른 두 꼭짓점의 각도의 합과 같으므로 □=25°+20°=45°입니다.

03

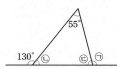

㉡=180°−130°=50°

㉢=180°−55°−50°=75°

㉠=180°−75°=105°

왜 틀렸을까? 일직선에서 모르는 각도를 먼저 구해야 합니다.

다른 풀이

㉡=180°−130°=50°

삼각형에서 한 꼭짓점에서의 밖에 있는 각도는 다른 두 꼭짓점의 각도의 합과 같으므로 ㉠=55°+50°=105°입니다.

04 ㉠=360°−85°−90°−105°=80°

ㄴ=180°−80°=100°

왜 틀렸을까? 사각형의 네 각의 크기의 합은 360°, 일직선은 180°임을 알아야 합니다.

05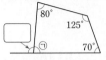

㉠=360°−80°−125°−70°=85°

▢=180°−85°=95°

왜 틀렸을까? 사각형에서 모르는 각도를 먼저 구해야 합니다.

06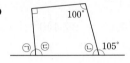

ㄴ=180°−105°=75°

ㄷ=360°−90°−100°−75°=95°

㉠=180°−95°=85°

왜 틀렸을까? 일직선에서 모르는 각도를 먼저 구해야 합니다.

21쪽

07

도형을 삼각형 5개로 나누었으므로

(도형 안에 있는 각의 크기의 합)

=180°×5=900°입니다.

왜 틀렸을까? 도형을 삼각형 5개로 나누지 않았습니다.

다른 풀이

도형을 삼각형 1개,
사각형 2개로 나누었으므로
(도형 안에 있는 각의 크기의 합)
=180°+360°+360°=900°입니다.

08

도형을 삼각형 3개로 나누었으므로

(도형 안에 있는 각의 크기의 합)

=180°×3=540°입니다.

왜 틀렸을까? 도형을 삼각형 3개로 나누지 않았습니다.

다른 풀이

도형을 삼각형 1개,
사각형 1개로 나누었으므로
(도형 안에 있는 각의 크기의 합)
=180°+360°=540°입니다.

09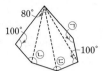

도형을 삼각형 4개로 나누었으므로

(도형 안에 있는 각의 크기의 합)

=180°×4=720°입니다.

➡ ㉠+ㄴ+ㄷ=720°−80°−100°−100°=440°

왜 틀렸을까? 도형을 삼각형 4개로 나누지 않았습니다.

다른 풀이

도형을 사각형 2개로 나누었으므로
(도형 안에 있는 각의 크기의 합)
=360°×2=720°입니다.

➡ ㉠+ㄴ+ㄷ=720°−80°−100°−100°=440°

10 ㉠=180°−55°−90°=35°

ㄴ=180°−70°−90°=20°

➡ ㉠−ㄴ=35°−20°=15°

11 색종이를 삼각형 3개로 나누었으므로

(도형 안에 있는 각의 크기의 합)

=180°×3=540°이고

(한 각의 크기)=540°÷5=108°입니다.

따라서 펼친 모양에서 ㉠은 108°를 똑같이 3개로 나눈 것 중의 하나이므로 108°÷3=36°입니다.

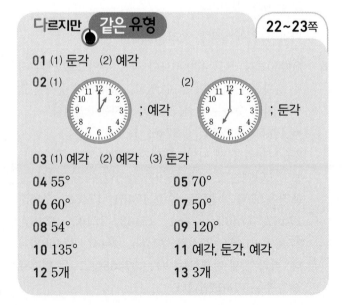

다르지만 **같은 유형** **22~23**쪽

01 (1) 둔각 (2) 예각

02 (1) ; 예각 (2) ; 둔각

03 (1) 예각 (2) 예각 (3) 둔각

04 55°   **05** 70°

06 60°   **07** 50°

08 54°   **09** 120°

10 135°   **11** 예각, 둔각, 예각

12 5개   **13** 3개

22쪽

01~03 핵심
예각과 둔각이 무엇인지 알고 있어야 합니다.

01 (1) 각도가 직각보다 크고 180°보다 작은 각이므로 둔각입니다.

(2) 각도가 0°보다 크고 직각보다 작은 각이므로 예각입니다.

02 (1) 각도가 0°보다 크고 직각보다 작은 각이므로 예각입니다.

(2) 각도가 직각보다 크고 180°보다 작은 각이므로 둔각입니다.

03 (1) (2) (3)

예각   예각   둔각

04~07 핵심
일직선은 180°임을 이용할 수 있어야 합니다.

04 일직선은 180°이므로
□=180°−90°−35°=55°입니다.

05 일직선은 180°이므로
□=180°−90°−20°=70°입니다.

06 일직선은 180°이므로
㉠=180°−30°−90°=60°입니다.

07
일직선은 180°이므로
㉡=180°−50°−90°=40°이고
㉠=180°−90°−40°=50°입니다.

23쪽

08~10 핵심
구하려는 각은 가장 작은 각 몇 개로 이루어진 각인지 알아야 합니다.

08 (5개로 나누어진 각 중 한 각의 크기)=90°÷5=18°
(각 ㄴㅅㅁ)=18°×3=54°

09 (6개로 나누어진 각 중 한 각의 크기)=180°÷6=30°
(각 ㄴㅇㅂ)=30°×4=120°

10 (8개로 나누어진 각 중 한 각의 크기)=360°÷8=45°
(각 ㄴㅈㅁ)=45°×3=135°

11~13 핵심
각 1개짜리와 각 여러 개짜리 모두 찾을 수 있어야 합니다.

11 ㉠과 ㉢은 각도가 0°보다 크고 직각보다 작은 각이므로 예각입니다. ㉡은 각도가 직각보다 크고 180°보다 작은 각이므로 둔각입니다.

12

• 각 1개짜리: ①, ②, ③, ④ ➡ 4개
• 각 2개짜리: ①+② ➡ 1개
따라서 모두 4+1=5(개)입니다.

13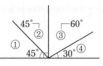

• 각 2개짜리: ②+③ ➡ 1개
• 각 3개짜리: ①+②+③, ②+③+④ ➡ 2개
따라서 모두 1+2=3(개)입니다.

응용 유형   24~27쪽

01 100°	**02** 2번
03 130°	**04** 20°
05 115°	**06** 60°
07 160°	**08** 2번
09 ㉡	**10** 130°
11 135°	**12** 120°
13 35°	**14** 120°
15 75°	**16** 320°
17 80°	**18** 2시

24쪽

01 일직선은 180°이므로
(각 ㄱㅇㄴ)=180°−95°=85°입니다.
➡ (각 ㄱㅇㄷ)=85°+15°=100°

02 9시부터 30분 간격으로 11시까지의 시각:
9시, 9시 30분, 10시, 10시 30분, 11시

직각   둔각   예각   둔각   예각

➡ 9시 30분, 10시 30분 (2번)

03 직사각형 모양의 색종이를 접었으므로
(각 ㅂㄱㄷ)=(각 ㄷㄱㄹ)=25°입니다.
사각형 ㄱㅂㄷㄹ에서
(각 ㄱㅂㄷ)
$=360°-25°-25°-90°-90°=130°$입니다.

25쪽

04 삼각형 ㄴㄷㅁ에서
(각 ㄷㄴㅁ)$=180°-90°-45°=45°$입니다.
일직선은 180°이므로
(각 ㄱㄴㅂ)$=180°-45°=135°$입니다.
삼각형 ㄱㄴㅂ에서
(각 ㄱㅂㄴ)$=180°-25°-135°=20°$입니다.

05 둔각은 각 ㄴㄹㄱ입니다.
삼각형 ㄱㄴㄷ에서
(각 ㄴㄱㄷ)$=180°-40°-90°=50°$입니다.
(각 ㄴㄱㄹ)=(각 ㄹㄱㄷ)$=50°÷2=25°$
삼각형 ㄱㄴㄹ에서
(각 ㄴㄹㄱ)$=180°-40°-25°=115°$입니다.

06 삼각형 ㄹㄴㄷ에서
(각 ㄹㄴㄷ)$=180°-100°-40°=40°$입니다.
일직선은 180°이므로
(각 ㄱㄷㄹ)$=180°-40°-120°=20°$입니다.
삼각형 ㄱㄴㄷ에서
(각 ㄴㄱㄷ)
$=180°-20°-40°-20°-40°=60°$입니다.

> **다른 풀이**
> 삼각형 ㄹㄴㄷ에서 (각 ㄹㄴㄷ)$=180°-100°-40°=40°$입니다.
> 삼각형에서 한 꼭짓점에서의 밖에 있는 각도는 다른 두 꼭짓점의 각도의 합과 같으므로 (각 ㄴㄱㄷ)$+20°+40°=120°$입니다. ➡ (각 ㄴㄱㄷ)$=120°-20°-40°=60°$

26쪽

07 일직선은 180°이므로
(각 ㄱㅇㄴ)$=180°-135°=45°$입니다.
➡ (각 ㄱㅇㄷ)$=45°+115°=160°$

08 3시부터 30분 간격으로 5시까지의 시각:
3시, 3시 30분, 4시, 4시 30분, 5시

직각　예각　둔각　예각　둔각
➡ 3시 30분, 4시 30분 (2번)

---

09 문제 분석

09 ❶삼각형 ㉠과 ㉡의 두 각입니다. / ❷나머지 한 각이 둔각인 삼각형을 찾아 기호를 쓰시오.

| ㉠ 85°, 30° | ㉡ 40°, 45° |

> ❶ 삼각형 ㉠과 ㉡의 나머지 한 각의 크기를 각각 구합니다.
> ❷ ❶에서 구한 두 각 중 둔각을 찾습니다.

❶㉠ (나머지 한 각의 크기)$=180°-85°-30°=65°$
㉡ (나머지 한 각의 크기)$=180°-40°-45°=95°$
❷➡ 65°, 95° 중 둔각은 95°이므로 나머지 한 각이 둔각인 삼각형은 ㉡입니다.

---

10 문제 분석

10 ❷㉠과 ㉡의 각도의 합을 구하시오.

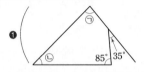

> ❶ 일직선은 180°임을 이용하여 사각형의 한 각의 크기를 구합니다.
> ❷ 사각형의 네 각의 크기의 합은 360°임을 이용하여 ㉠과 ㉡의 각도의 합을 구합니다.

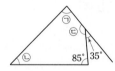

❶일직선은 180°이므로 ㉢$=180°-35°=145°$입니다.
❷사각형의 네 각의 크기의 합은 360°이므로
㉠$+$㉡$=360°-145°-85°=130°$입니다.

---

11 문제 분석

11 ❶도형에서 8개의 각의 크기는 같습니다. / ❷한 각의 크기를 구하시오.

> ❶ 도형을 나눌 수 있는 가장 적은 수의 삼각형으로 나누어 8개의 각의 크기의 합을 구합니다.
> ❷ (한 각의 크기)=(8개 각의 크기의 합)÷8

❶도형을 6개의 삼각형으로 나누었으므로
(8개의 각의 크기의 합)
$=180°×6=1080°$입니다.
❷➡ (한 각의 크기)$=1080°÷8=135°$

다른 풀이

도형을 사각형 3개로 나누었으므로
(8개 각의 크기의 합)
$=360°×3=1080°$입니다.
➡ (한 각의 크기)$=1080°÷8=135°$

12 직사각형 모양의 색종이를 접었으므로
(각 ㄴㄹㅂ)=(각 ㄱㄹㄴ)$=30°$입니다.
사각형 ㄱㄴㅂㄹ에서
(각 ㄴㅂㄹ)
$=360°-30°-30°-90°-90°=120°$입니다.

27쪽

13 삼각형 ㄴㄷㅁ에서
(각 ㄷㄴㅁ)$=180°-90°-20°=70°$입니다.
일직선은 $180°$이므로
(각 ㄱㄴㅂ)$=180°-70°=110°$입니다.
삼각형 ㄱㄴㅂ에서
(각 ㄱㅂㄴ)$=180°-35°-110°=35°$입니다.

14 둔각은 각 ㄱㄹㄷ입니다.
삼각형 ㄱㄴㄷ에서
(각 ㄴㄱㄷ)$=180°-90°-30°=60°$입니다.
(각 ㄴㄱㄹ)=(각 ㄹㄱㄷ)$=60°÷2=30°$
삼각형 ㄱㄹㄷ에서
(각 ㄱㄹㄷ)$=180°-30°-30°=120°$입니다.

15 문제 분석

15❶직각 삼각자 2개를 다음과 같이 겹쳤습니다. / ❷각 ㄹㅁㄷ의
크기를 구하시오.

❶ 각 ㄱㄷㄴ의 크기를 구한 후 각 ㄹㄷㅁ의 크기를 구합니다.
❷ 삼각형 ㄹㅁㄷ의 세 각의 크기의 합은 $180°$임을 이용하여 각
ㄹㅁㄷ의 크기를 구합니다.

❶삼각형 ㄱㄴㄷ에서
(각 ㄱㄷㄴ)$=180°-60°-90°=30°$입니다.
각 ㄹㄷㅂ은 $90°$이므로
(각 ㄹㄷㅁ)$=90°-30°=60°$입니다.
❷삼각형 ㄹㅁㄷ에서
(각 ㄹㅁㄷ)$=180°-45°-60°=75°$입니다.

16 문제 분석

16❷㉠, ㉡, ㉢의 각도의 합을 구하시오.

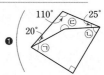

❶ 사각형의 네 각의 크기의 합은 $360°$임을 이용하여 ㉢의 각도,
㉠과 ㉡의 각도의 합을 각각 구합니다.
❷ ㉠, ㉡, ㉢의 각도의 합을 구합니다.

❶사각형 ㄱㄴㅁㄹ에서
㉢$=360°-110°-20°-25°=205°$입니다.
사각형 ㄱㄴㄷㄹ에서
㉠$+$㉡$=360°-110°-20°-90°-25°=115°$입
니다.
❷따라서 ㉠$+$㉡$+$㉢$=115°+205°=320°$입니다.

17 삼각형 ㄹㄴㄷ에서
(각 ㄹㄷㄴ)$=180°-25°-130°=25°$입니다.
일직선은 $180°$이므로
(각 ㄱㄷㄹ)$=180°-130°-25°=25°$입니다.
삼각형 ㄱㄴㄷ에서
(각 ㄴㄱㄷ)
$=180°-25°-25°-25°-25°=80°$입니다.

다른 풀이

삼각형 ㄹㄴㄷ에서(각 ㄹㄷㄴ)$=180°-130°-25°=25°$입니다.
삼각형에서 한 꼭짓점에서의 밖에 있는 각도는 다른 두 꼭짓
점의 각도의 합과 같으므로 (각 ㄴㄱㄷ)$+25°+25°=130°$입
니다. ➡ (각 ㄴㄱㄷ)$=130°-25°-25°=80°$

18 문제 분석

18❹다음을 보고 지금 시각을 구하시오.

- ❶긴바늘이 숫자 12를 가리킵니다.
- ❷1시간 후에는 긴바늘과 짧은바늘이 이루는 작은 쪽
  의 각이 직각입니다.
- ❸1시간 전에는 긴바늘과 짧은바늘이 이루는 작은 쪽
  의 각이 예각이었습니다.

❶ 긴바늘이 숫자 12를 가리키는 시각은 무엇인지 알아봅니다.
❷ ❶의 시각 중 직각인 시각을 알아보고 그 시각의 1시간 전의 시
각을 알아봅니다.
❸ ❷의 시각의 1시간 전의 시각 중 예각인 시각을 알아봅니다.
❹ 모두 만족하는 시각을 씁니다.

❶긴바늘이 숫자 12를 가리키므로 지금 시각은 정각(■시)입니다.
정각 중 예각: 1시, 2시, 10시, 11시
정각 중 직각: 3시, 9시
정각 중 둔각: 4시, 5시, 7시, 8시
❷1시간 후의 시각은 3시 또는 9시이므로 지금 시각은 2시 또는 8시가 될 수 있습니다.
❸1시간 전의 시각은 1시 또는 7시가 될 수 있는데 예각이었으므로 1시입니다.
❹따라서 지금 시각은 2시입니다.

사고력 유형
28~29쪽

1 $75°$

2 (위부터) $15°$; $75°$, $120°$; $135°$, $180°$

3 (위부터) $60°$; $70°$, $40°$

4 ❶

❷ $30°$

❸ $120°$

28쪽

1 ㉠ 직각을 똑같이 2개로 나눈 것과 같으므로 $90°÷2=45°$입니다.
ㄴ 직각을 똑같이 3개로 나눈 것과 같으므로 $90°÷3=30°$입니다.
따라서 ㉠+ㄴ=$45°+30°=75°$입니다.

2
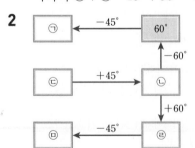

$㉠=60°-45°=15°$
$ㄴ-60°=60°, ㄴ=60°+60°=120°$
$ㄷ+45°=120°, ㄷ=120°-45°=75°$
$㉣=120°+60°=180°$
$ㅁ=180°-45°=135°$

29쪽

3
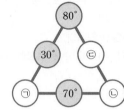

$80°+30°+㉠=180°,$
$㉠=180°-80°-30°=70°$
$70°+70°+ㄴ=180°,$
$ㄴ=180°-70°-70°=40°$
$80°+ㄷ+40°=180°,$
$ㄷ=180°-80°-40°=60°$

4 ❶ 오후 3시+1시간=오후 4시

❷ 1시간 동안 짧은바늘은 숫자 눈금 한 칸만큼 움직입니다. 숫자 눈금 3칸이 $90°$이므로 숫자 눈금 한 칸의 각도는 $90°÷3=30°$입니다.

❸ 4시일 때 긴바늘과 짧은바늘이 이루는 작은 쪽의 각도는 숫자 눈금 4칸입니다.
따라서 긴바늘과 짧은바늘이 이루는 작은 쪽의 각도는 $30°×4=120°$입니다.

다른 풀이
3시일 때 $90°$이고 한 시간 동안 짧은바늘이 $30°$만큼 움직이므로 $90°+30°=120°$입니다.

도전! 최상위 유형
30~31쪽

1 $360°$ **2** $145°$

3 50개, 20개   **4** 3시 50분

30쪽

1
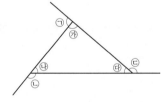

일직선은 $180°$이므로
㉠+㉮
=ㄴ+㉯
=ㄷ+㉰
=$180°$입니다.

➡ ㉠+㉮+ㄴ+㉯+ㄷ+㉰
=$180°+180°+180°=540°,$
㉠+ㄴ+ㄷ+㉮+㉯+㉰=$540°$
따라서 삼각형의 세 각의 크기의 합은 $180°$이므로
㉮+㉯+㉰=$180°$이고 ㉠+ㄴ+ㄷ+$180°=540°,$
㉠+ㄴ+ㄷ=$540°-180°=360°$입니다.

2 직각삼각형 ㄱㄴㄷ에서
(각 ㄴㄱㄷ)=$180°-55°-90°=35°$이고,
직각삼각형 모양의 색종이를 접었으므로
(각 ㅁㅂㄹ)=(각 ㄴㄱㄷ)=$35°$입니다.

삼각형 ㅁㅅㅂ에서

(각 ㅅㅁㅂ)=180°−110°−35°=35°입니다.

일직선은 180°이므로

(각 ㄱㅁㅂ)=180°−35°=145°입니다.

31쪽

3 • 예각의 수 구하기

가장 작은 각 1개짜리: 12개

가장 작은 각 2개짜리: 11개

가장 작은 각 3개짜리: 10개

가장 작은 각 4개짜리: 9개

가장 작은 각 5개짜리: 8개

➡ 12+11+10+9+8=50(개)

• 둔각의 수 구하기

가장 작은 각 7개짜리: 6개

가장 작은 각 8개짜리: 5개

가장 작은 각 9개짜리: 4개

가장 작은 각 10개짜리: 3개

가장 작은 각 11개짜리: 2개

➡ 6+5+4+3+2=20(개)

참고

가장 작은 각 1개짜리: 180°÷12=15° ➡ 예각

가장 작은 각 2개짜리: 15°×2=30° ➡ 예각

가장 작은 각 3개짜리: 15°×3=45° ➡ 예각

가장 작은 각 4개짜리: 15°×4=60° ➡ 예각

가장 작은 각 5개짜리: 15°×5=75° ➡ 예각

가장 작은 각 6개짜리: 15°×6=90° ➡ 직각

가장 작은 각 7개짜리: 15°×7=105° ➡ 둔각

가장 작은 각 8개짜리: 15°×8=120° ➡ 둔각

가장 작은 각 9개짜리: 15°×9=135° ➡ 둔각

가장 작은 각 10개짜리: 15°×10=150° ➡ 둔각

가장 작은 각 11개짜리: 15°×11=165° ➡ 둔각

가장 작은 각 12개짜리: 15°×12=180°

4 짧은바늘이 1°만큼 움직일 때 긴바늘은

360°÷30=12°만큼 움직이므로

짧은바늘이 55°만큼 움직일 때 긴바늘은

12°×55=660°만큼 움직입니다.

660°=360°+300°이므로 긴바늘은 시계를 한 바퀴

돌고 300°만큼 더 움직였습니다.

긴바늘은 1분 동안 360°÷60=6°만큼 움직이므로

긴바늘이 300° 움직이면 300°÷6°=50(분) 지난 것

입니다.

따라서 민준이가 숙제를 끝낸 시각은 오후 2시에서

1시간 50분 후이므로 오후 3시 50분입니다.

---

3 곱셈과 나눗셈

잘 틀리는 **실력 유형**

유형 01 3, 8

01 (위부터) 5, 0   02 (위부터) 1, 7, 0, 0

03 (위부터) 5, 5, 1, 2

유형 02 3, 9, 1, 1

04 (위부터) 5, 2, 8, 9, 9, 3

05 (위부터) 1, 3, 2, 1, 8, 6

유형 03 (▲−1), 0

06 199   07 99

08 299, 280

09 6420 L   10 9545 L

34쪽

01

$$\begin{array}{r} 4\ 0\ 8 \\ \times\quad \boxed{\text{㉠}}\ 0 \\ \hline 2\ \boxed{\text{㉡}}\ 4\ 0\ 0 \end{array}$$

• 8×㉠=40, ㉠=5

• 4×5=2㉡, ㉡=0

왜 틀렸을까? 0×㉠=0이므로 8×㉠=40임을 알고 있는지 확인합니다.

02

$$\begin{array}{r} \boxed{\text{㉠}}\ 5\ 0 \\ \times\quad \boxed{\text{㉡}}\ 2 \\ \hline 3\ 0\ 0 \\ 1\ 0\ 5\ \boxed{\text{㉢}} \\ \hline 1\ 0\ 8\ \boxed{\text{㉣}}\ 0 \end{array}$$

• ㉠50×2=300, ㉠=1

• 0×㉡=0이므로

㉢=0, ㉣=0입니다.

• 150×㉡=1050, ㉡=7

왜 틀렸을까? 0×㉡=0이므로 ㉢=0임을 알고 있는지 확인합니다.

03

$$\begin{array}{r} 3\ 8\ \boxed{\text{㉠}} \\ \times\quad \boxed{\text{㉡}}\ 6 \\ \hline 2\ 3\ 1\ 0 \\ \boxed{\text{㉢}}\ 9\ 2\ 5 \\ \hline \boxed{\text{㉣}}\ 1\ 5\ 6\ 0 \end{array}$$

• 38㉠×6=2310, ㉠=5

• 385×㉡=㉢925에서 곱의 일의 자리 숫자가 5이므로 ㉡은 홀수임을 알 수 있습니다.

㉡에 1, 3, 5, 7, 9를 넣어 확인해 보면

385×5=1925에서 ㉡=5, ㉢=1이므로 ㉣=2입니다.

왜 틀렸을까? 385×㉡=㉢925에서 예상과 확인을 반복하면서 ㉡과 ㉢을 구해야 합니다.

04

$$17\sqrt{\begin{array}{ccc} \boxed{ㄱ} & \boxed{ㄴ} \\ \boxed{ㄷ} & 9 & \boxed{ㄹ} \end{array}}$$

```
      ㄱ ㄴ
17) ㄷ 9 ㄹ
    8 5
    ─────
      4 ㅁ
      ─────
      ㅂ 4
      ─────
        1 5
```

- $17 \times \boxed{ㄱ} = 85$, $\boxed{ㄱ} = 5$
- $17 \times \boxed{ㄴ} = \boxed{ㅂ}4$이므로 $\boxed{ㄴ} = 2$, $\boxed{ㅂ} = 3$입니다.
- $\boxed{ㄷ}9 - 85 = 4$, $\boxed{ㄷ} = 8$
- $4\boxed{ㅁ} - 34 = 15$, $\boxed{ㅁ} = 9$
- $\boxed{ㄹ}$은 $\boxed{ㅁ}$과 같으므로 9입니다.

왜 틀렸을까? $17 \times \boxed{ㄱ} = 85$, $17 \times \boxed{ㄴ} = \boxed{ㅂ}4$에서 $\boxed{ㄱ}$, $\boxed{ㄴ}$, $\boxed{ㅂ}$을 구하고 $\boxed{ㄷ}9 - 85 = 4$, $4\boxed{ㅁ} - \boxed{ㅂ}4 = 15$에서 $\boxed{ㄷ}$, $\boxed{ㅁ}$, $\boxed{ㄹ}$을 구해야 합니다.

05

```
        ㄱ ㄴ
5 ㄷ) 7 ㄹ 8
      5 2
      ─────
      1 9 ㅁ
      1 5 ㅂ
      ─────
          4 2
```

- $5\boxed{ㄷ} \times \boxed{ㄱ} = 52$, $\boxed{ㄷ} = 2$, $\boxed{ㄱ} = 1$
- $7\boxed{ㄹ}8 - 520 = 19\boxed{ㅁ}$, $\boxed{ㅁ} = 8$, $\boxed{ㄹ} = 1$
- $198 - 15\boxed{ㅂ} = 42$, $\boxed{ㅂ} = 6$
- $52 \times \boxed{ㄴ} = 156$, $\boxed{ㄴ} = 3$

왜 틀렸을까? $5\boxed{ㄷ} \times \boxed{ㄱ} = 52$에서 $\boxed{ㄷ} = 2$, $\boxed{ㄱ} = 1$임을 알고 있는지 확인합니다.

35쪽

06 ★$=0, 1, 2 \cdots\cdots 24$이므로 ★이 24일 때 ■가 가장 큽니다. $25 \times 7 = 175$, $175 + 24 = 199$이므로 ■가 될 수 있는 수 중 가장 큰 수는 199입니다.

왜 틀렸을까? 나누는 수가 250이므로 나머지 ★이 될 수 있는 수는 0부터 24까지입니다. 나누어지는 수 ■가 가장 크려면 나머지가 가장 커야 하므로 ★이 24임을 알고 있는지 확인합니다.

07 ♥$=0, 1, 2 \cdots\cdots 10$이므로 ♥가 0일 때 ■가 가장 작습니다. $11 \times 9 = 99$이므로 ■가 될 수 있는 수 중 가장 작은 수는 99입니다.

왜 틀렸을까? 나누는 수가 11이므로 나머지 ♥가 될 수 있는 수는 0부터 10까지입니다. 나누어지는 수 ■가 가장 작으려면 나머지가 가장 작아야 하므로 ♥가 0임을 알고 있는지 확인합니다.

08 ♣$=0, 1, 2 \cdots\cdots 19$이므로 ♣가 19일 때 ■가 가장 크고 ♣가 0일 때 ■가 가장 작습니다.
■가 가장 클 때: $20 \times 14 = 280$, $280 + 19 = 299$
■가 가장 작을 때: $20 \times 14 = 280$

왜 틀렸을까? 나누는 수가 20이므로 나머지 ♣가 될 수 있는 수는 0부터 19까지입니다. 나누어지는 수 ■가 가장 크려면 나머지가 가장 커야 하므로 ♣는 19이고, 나누어지는 수 ■가 가장 작으려면 나머지가 가장 작아야 하므로 ♣는 0임을 알고 있는지 확인합니다.

09 20명이 먹은 사과의 물 발자국: $125 \times 20 = 2500$ (L)
20명이 먹은 달걀의 물 발자국: $196 \times 20 = 3920$ (L)
➡ $2500 + 3920 = 6420$ (L)

다른 풀이
(한 명의 물 발자국)$= 125 + 196 = 321$ (L)
➡ (수빈이네 반의 물 발자국)$= 321 \times 20 = 6420$ (L)

10 23명이 먹은 바나나의 물 발자국: $160 \times 23 = 3680$ (L)
23명이 먹은 우유의 물 발자국: $255 \times 23 = 5865$ (L)
➡ $3680 + 5865 = 9545$ (L)

다른 풀이
(한 명의 물 발자국)$= 160 + 255 = 415$ (L)
➡ (현민이네 반의 물 발자국)$= 415 \times 23 = 9545$ (L)

다르지만 같은 유형

36~37쪽

01 70

02 600

03 예 종이가 들어 있는 상자 수를 $\square$개라고 하면 $500 \times \square = 45000$입니다. $5 \times 9 = 45$이고 500에서 0의 개수는 2개, 45000에서 0의 개수는 3개이므로 곱하는 수는 9에 0을 $3 - 2 = 1$(개) 붙입니다. $\square = 90$이므로 종이가 들어 있는 상자 수는 90개입니다.
; 90개

04 745

05 564

06 예 상자 안에 든 귤의 수를 $\square$개라고 하면 $\square \div 25 = 12 \cdots 2$입니다.
$25 \times 12 = 300$, $300 + 2 = 302$이므로 $\square = 302$입니다.
따라서 처음 상자 안에 들어 있던 귤은 302개입니다.
; 302개

07 12300개

08 21600원

09 예 (어른의 입장료)$= 900 \times 60 = 54000$(원)
(어린이의 입장료)$= 500 \times 60 = 30000$(원)
➡ (전체 입장료)$= 54000 + 30000 = 84000$(원)
; 84000원

10 (1) 8, 20 (2) 2, 35

11 11분 25초

12 2시간 57분

13 예 하루는 24시간입니다.
$250 \div 24 = 10 \cdots 100$이므로 250시간은 10일 10시간입니다.
; 10일 10시간

36쪽

곱하는 두 수와 계산 결과의 0의 개수를 비교하면서 곱하는 수를 구합니다.

01 $400 \times \square = 28000$

$4 \times 7 = 28$이고 400에서 0의 개수는 2개, 28000에서 0의 개수는 3개이므로 곱하는 수는 7에 0을 $3 - 2 = 1$(개) 붙입니다.

➡ $\square = 70$

02 어떤 수를 $\square$라고 하면 $60 \times \square = 36000$입니다.

$6 \times 6 = 36$이고 60에서 0의 개수는 1개, 36000에서 0의 개수는 3개이므로 곱하는 수는 6에 0을 $3 - 1 = 2$(개) 붙입니다.

➡ $\square = 600$

03 서술형 가이드 전체 종이 수를 구하는 곱셈식을 이용하는 과정이 들어 있어야 합니다.

채점 기준

상	곱셈식을 만들어 상자 수를 바르게 구함.
중	곱셈식은 만들었으나 계산 과정에서 실수를 함.
하	곱셈식을 만들지 못함.

나누는 수와 몫의 곱에 나머지를 더하면 나누어지는 수가 됩니다.

04 어떤 수를 $\square$라고 하면 $\square \div 15 = 49 \cdots 10$입니다.

나눗셈의 계산 결과가 맞는지 확인하는 방법을 이용하면 $15 \times 49 = 735$, $735 + 10 = 745$이므로 $\square$는 745입니다.

05
$$35 \overline{)} \quad 1\,6 \cdots 4$$

➡ $35 \times 16 = 560$, $560 + 4 = 564$이므로 $\square$ 안에 알맞은 수는 564입니다.

06 서술형 가이드 나눗셈의 계산 결과가 맞는지 확인하는 방법으로 귤의 수를 구하는 과정이 들어 있어야 합니다.

채점 기준

상	나눗셈의 계산 결과가 맞는지 확인하는 방법으로 귤의 수를 바르게 구함.
중	나눗셈의 계산 결과가 맞는지 확인하는 방법은 알고 있으나 계산 과정에서 실수를 함.
하	나눗셈의 계산 결과가 맞는지 확인하는 방법을 모름.

37쪽

종류별 수를 각각 구한 다음 더하면 전체 수가 됩니다.

07 귤은 $50 \times 120 = 6000$(개)이고,

토마토는 $35 \times 180 = 6300$(개)입니다.

따라서 귤과 토마토는 모두 $6000 + 6300 = 12300$(개)입니다.

08 50원짜리: $50 \times 132 = 6600$(원)

500원짜리: $500 \times 30 = 15000$(원)

➡ $6600 + 15000 = 21600$(원)

09 (어른의 입장료)=(어른 한 명의 입장료)×(어른 수)

(어린이의 입장료)

 =(어린이 한 명의 입장료)×(어린이 수)

➡ (전체 입장료)=(어른의 입장료)+(어린이의 입장료)

서술형 가이드 어른의 입장료와 어린이의 입장료를 각각 구하여 더했는지 확인합니다.

채점 기준

상	어른의 입장료와 어린이의 입장료를 각각 구한 다음 전체 입장료를 바르게 구함.
중	어른의 입장료와 어린이의 입장료를 각각 구하여 더했으나 계산 과정에서 실수를 함.
하	어른의 입장료와 어린이의 입장료를 구하지 못함.

1분=60초, 1시간=60분, 1일=24시간임을 이용합니다.

10 ⑴ 1분은 60초입니다.

$500 \div 60 = 8 \cdots 20$이므로 500초는 8분 20초입니다.

⑵ 1시간은 60분입니다.

$155 \div 60 = 2 \cdots 35$이므로 155분은 2시간 35분입니다.

11 1분은 60초입니다.

$685 \div 60 = 11 \cdots 25$이므로 685초는 11분 25초입니다.

12 1시간은 60분입니다.

➡ $177 \div 60 = 2 \cdots 57$이므로 177분은 2시간 57분입니다.

13 서술형 가이드 250시간을 24시간으로 나누는 계산을 바르게 했는지 확인합니다.

채점 기준

상	250시간을 24시간으로 나누어 며칠 몇 시간인지 바르게 구함.
중	250시간을 24시간으로 나누었으나 계산 과정에서 실수를 함.
하	나눗셈식을 만들지 못함.

38쪽

01 나누어지는 수인 5□7의 왼쪽 두 자리 수 5□가 나누는 수 53보다 작으면 몫이 한 자리 수이므로 □ 안에는 3보다 작은 수인 0, 1, 2가 들어갈 수 있습니다.

02 $200 \times 15 = 3000$, $200 \times 16 = 3200$,
$200 \times 17 = 3400$, $200 \times 18 = 3600$,
$200 \times 19 = 3800$, $200 \times 20 = 4000 \cdots\cdots$
따라서 □ 안에 들어갈 수 있는 두 자리 수는 18, 19, 20……이므로 가장 작은 수는 18입니다.

03 (가로등 사이의 간격 수)=$540 \div 45 = 12$(군데)
  ➡ (필요한 가로등의 수)
    =(가로등 사이의 간격 수)+1
    =$12 + 1 = 13$(개)

주의
가로등을 처음부터 끝까지 세우므로 가로등의 수는 간격의 수보다 1 더 많습니다.

39쪽

04 $2 < 3 < 4 < 7 < 8$이므로 곱이 가장 큰 곱셈식은 오른쪽과 같습니다.

$$\begin{array}{r} 7\ 4\ 2 \\ \times\ \ \ 8\ 3 \\ \hline 2\ 2\ 2\ 6 \\ 5\ 9\ 3\ 6\ \ \\ \hline 6\ 1\ 5\ 8\ 6 \end{array}$$

05 $3 < 4 < 6 < 8 < 9$이므로 곱이 가장 작은 곱셈식은 오른쪽과 같습니다.

$$\begin{array}{r} 4\ 8\ 9 \\ \times\ \ \ 3\ 6 \\ \hline 2\ 9\ 3\ 4 \\ 1\ 4\ 6\ 7\ \ \\ \hline 1\ 7\ 6\ 0\ 4 \end{array}$$

06 어떤 수를 □라고 하면 잘못 계산한 식은
□÷12=48…4입니다.
$12 \times 48 = 576$, $576 + 4 = 580$이므로 어떤 수는 580입니다.
  ➡ 바른 계산: $580 \div 20 = 29$

주의
어떤 수를 구하는 문제가 아니라 어떤 수를 구한 다음 바르게 계산한 값을 구해야 합니다.

40쪽

07 나누어지는 수인 2□4의 왼쪽 두 자리 수 2□가 나누는 수 27과 같거나 크면 몫이 두 자리 수이므로 □ 안에는 7 또는 7보다 큰 수인 8, 9가 들어갈 수 있습니다.

참고
나누어지는 수의 왼쪽 두 자리 수가 나누는 수보다 큰 경우 뿐만 아니라 나누는 수와 같은 경우에도 몫이 두 자리 수입니다.

08 $40 \times 500 = 20000$, $39 \times 500 = 19500$,
$38 \times 500 = 19000$, $37 \times 500 = 18500$,
$36 \times 500 = 18000$, $35 \times 500 = 17500 \cdots\cdots$
따라서 □ 안에 들어갈 수 있는 두 자리 수는 37, 36, 35……이므로 가장 큰 수는 37입니다.

참고
500을 곱했을 때 19000에 가까운 수가 되도록 어림해 봅니다.

09 문제 분석

09 ❶수 카드 5장을 한 번씩 모두 사용하여 몫이 가장 큰 (세 자리 수)÷(두 자리 수)를 만들고 / ❷계산해 보시오.

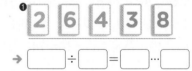

→ □ ÷ □ = □ … □

❶ 나눗셈의 몫이 가장 크게 되는 나눗셈식을 만듭니다.
❷ ❶을 계산합니다.

❶몫이 가장 큰 나눗셈식을 만들려면 나누어지는 수는 가장 크게, 나누는 수는 가장 작게 만들어야 합니다.
$8 > 6 > 4 > 3 > 2$이므로 가장 큰 세 자리 수 864를 가장 작은 두 자리 수 23으로 나눕니다.

$$\begin{array}{r} 3\ 7 \\ 23\overline{)8\ 6\ 4} \\ 6\ 9\ \ \\ \hline 1\ 7\ 4 \\ 1\ 6\ 1 \\ \hline 1\ 3 \end{array}$$

10 (가로등 사이의 간격 수)=270÷18=15(군데)

(도로의 한쪽에 세우는 가로등의 수)

＝(가로등 사이의 간격 수)＋1

＝15＋1=16(개)

➡ (도로의 양쪽에 세우는 가로등의 수)

　＝16×2=32(개)

주의

도로의 양쪽에 세우므로 한쪽에 세우는 가로등의 수를 구한 다음 2배를 해야 합니다.

11 문제 분석

11 진주가 친구들에게 초콜릿을 나누어 주려고 합니다. ❸남지 않게 나누어 주려면 초콜릿은 적어도 몇 개 더 필요합니까?

❶ 초콜릿이 한 상자에 10개씩 22상자 있는데 ❷ 13명에게 똑같이 나누어 줄 거야.

진주

❶ 전체 초콜릿 수를 구합니다.
❷ ❶에서 구한 초콜릿 수를 13으로 나누는 나눗셈식을 만듭니다.
❸ ❷를 계산한 나머지를 이용하여 더 필요한 초콜릿 수를 구합니다.

❶전체 초콜릿이 10×22=220(개)이고 ❷13명에게 나누어 주므로 220÷13=16…12입니다. 따라서 ❸한 명에게 16개씩 나누어 주고 남는 초콜릿 12개도 나누어 주어야 하므로 남지 않게 나누어 주려면 적어도 13－12=1(개) 더 필요합니다.

12 문제 분석

12 ❶무게가 같은 공이 들어 있는 상자의 무게는 330 g입니다. 빈 상자의 무게가 40 g이고, / ❷공 한 개의 무게가 58 g일 때 상자 속에 들어 있는 공은 몇 개입니까?

❶ 공이 들어 있는 상자의 무게에서 빈 상자의 무게를 빼어 공들의 무게를 구합니다.
❷ ❶에서 구한 공들의 무게를 공 한 개의 무게로 나누어 공의 수를 구합니다.

❶(상자 속에 들어 있는 공들의 무게)=330－40

　　　　　　　　　　　　　　　＝290 (g)

➡❷(상자 속에 들어 있는 공의 수)＝290÷58=5(개)

41쪽

13 2<3<6<7<9이므로 곱이 가장 큰 곱셈식은 오른쪽과 같습니다.

```
        7 6 2
    ×     9 3
    2 2 8 6
  6 8 5 8
  7 0 8 6 6
```

14 1<4<5<6<8이므로 곱이 가장 작은 곱셈식은 오른쪽과 같습니다.

```
        4 6 8
    ×     1 5
    2 3 4 0
    4 6 8
    7 0 2 0
```

15 어떤 수를 □라고 하면 잘못 계산한 식은

□÷28=27…18입니다.

28×27=756, 756＋18=774이므로 어떤 수는 774입니다.

➡ 바른 계산: 774÷18=43

16 문제 분석

16 다음을 보고 ❸모형 로봇과 모형 드론을 만드는 데 사용한 블록의 수를 각각 구하시오.

• ❷모형 로봇과 모형 드론을 만드는 데 사용한 블록은 모두 532개입니다.
• ❶모형 로봇을 만드는 데 사용한 블록의 수는 모형 드론을 만드는 데 사용한 블록의 수의 13배입니다.

❶ 모형 드론을 만드는 데 사용한 블록의 수를 □개라고 하고 모형 로봇을 만드는 데 사용한 블록의 수를 □를 사용하여 나타냅니다.
❷ 모형 로봇과 모형 드론을 만드는 데 사용한 블록의 수를 구하는 식을 만듭니다.
❸ ❷를 계산하여 모형 드론과 모형 로봇을 만드는 데 사용한 블록의 수를 각각 구합니다.

❶모형 드론을 만드는 데 사용한 블록의 수를 □개라고 하면 모형 로봇을 만드는 데 사용한 블록의 수는 (□×13)개입니다.

❷(모형 로봇)＋(모형 드론)=532이므로

□×13＋□=532, ❸□×14=532, □=38입니다.

➡ (모형 로봇을 만드는 데 사용한 블록의 수)

　＝38×13=494(개)

17 문제 분석

17 ❶390을 어떤 수로 나누었더니 몫이 27이고 나머지가 12였습니다. / ❷어떤 수를 구하시오.

❶ 어떤 수를 □라고 하고 나눗셈식을 만듭니다.
❷ 나머지를 이용하여 어떤 수로 나누어떨어지도록 하는 수를 구합니다. 이렇게 구한 수와 몫을 이용하여 어떤 수를 구합니다.

❶어떤 수를 □라고 하면 390÷□=27…12입니다.

❷390을 어떤 수로 나눈 나머지가 12이므로 어떤 수로 나누어떨어지는 수는 390－12=378입니다.

378÷□=27이므로 378÷27=□, □=14입니다.

18 문제 분석

18 ❸다음 조건을 모두 만족하는 세 자리 수를 구하시오.

┌─조건─
• ❷각 자리 숫자의 합은 10입니다.
• ❶40으로 나누면 나머지가 5입니다.
• ❷백의 자리 숫자는 십의 자리 숫자보다 큽니다.

❶ 둘째 조건에서 세 자리 수의 일의 자리 숫자를 알아봅니다.
❷ 나머지 조건들을 이용하여 세 자리 수가 될 수 있는 수들을 찾습니다.
❸ ❷에서 찾은 수들 중 조건을 모두 만족하는 세 자리 수를 찾습니다.

❶둘째 조건에서 일의 자리 숫자는 5입니다.
❷일의 자리 숫자가 5이므로 첫째 조건에서 백의 자리 숫자와 십의 자리 숫자의 합은 $10-5=5$입니다.

셋째 조건에서 백의 자리 숫자는 십의 자리 숫자보다 크므로 505, 415, 325 중 하나입니다.
❸각각의 수를 40으로 나누어 나머지가 5인 수를 찾습니다.

$505 \div 40 = 12 \cdots 25$,

$415 \div 40 = 10 \cdots 15$,

$325 \div 40 = 8 \cdots 5$이므로

조건을 모두 만족하는 세 자리 수는 325입니다.

🐱 사고력 유형

42~43쪽

1 600   **2** (위부터) 4, 512, 2

3 (왼쪽부터) 16, 28   **4** 966

42쪽

1

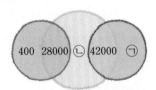

$$400 \times \bigcirc = 28000$$

➡ $4 \times \bigcirc = 280$이므로 $\bigcirc = 70$입니다.

$$70 \times \bigcirc = 42000$$

➡ $7 \times \bigcirc = 4200$이므로 $\bigcirc = 600$입니다.

2

㉠	128	64
㉡	32	㉢
16	8	256

→ 방향의 세 수의 곱과 ↓방향의 세 수의 곱이 같으므로 $16 \times 8 \times 256 = 64 \times \bigcirc \times 256$에서

$16 \times 8 = 64 \times \bigcirc$, $128 = 64 \times \bigcirc$, $\bigcirc = 2$입니다.

↘방향의 세 수의 곱과 ↓방향의 세 수의 곱이 같으므로 $\bigcirc \times 32 \times 256 = 64 \times 2 \times 256$에서

$\bigcirc \times 32 = 64 \times 2$, $\bigcirc \times 32 = 128$, $\bigcirc = 4$입니다.

→ 방향의 세 수의 곱과 ↓방향의 세 수의 곱이 같으므로 $\bigcirc \times 32 \times 2 = 128 \times 32 \times 8$에서

$\bigcirc \times 2 = 128 \times 8$, $\bigcirc \times 2 = 1024$, $\bigcirc = 512$입니다.

43쪽

3 $84 \div 26 = 3 \cdots 6$이고 $814 \div 33 = 24 \cdots 22$이므로 상자에 넣은 두 공에 쓰인 두 수의 나눗셈을 하여 몫과 나머지가 쓰인 공이 나오는 규칙입니다.

➡ $780 \div 47 = 16 \cdots 28$이므로 노란색 공에 몫 16을 쓰고, 초록색 공에 나머지 28을 씁니다.

4 • ♥=20일 때 ➡ $45 \times 20 = 900$, $900 + 20 = 920$이므로 A=920입니다.

• ♥=21일 때 ➡ $45 \times 21 = 945$, $945 + 21 = 966$이므로 A=966입니다.

• ♥=22일 때 ➡ $45 \times 22 = 990$, $990 + 22 = 1012$이므로 A=1012입니다. (×)

따라서 A가 될 수 있는 세 자리 수 중에서 가장 큰 수는 966입니다.

도전! 🐱 최상위 유형

44~45쪽

1 94분   **2** 75

3 754개   **4** 12마리

44쪽

1 (빵 조각 사이의 간격 수)$=377-1=376$(군데)

(집에서 숲속까지의 거리)$=15 \times 376 = 5640$ (m)

➡ (집에서 숲속까지 가는 데 걸린 시간)
$$=5640 \div 60 = 94(분)$$

2 1부터 9까지의 수를 순서대로 계산해 봅니다.

생각한 수	①	②	③
1	14+2=16	165+10=175	175÷13=13…6
2	24+2=26	265+10=275	275÷13=21…2
3	34+2=36	365+10=375	375÷13=28…11
4	44+2=46	465+10=475	475÷13=36…7
5	54+2=56	565+10=575	575÷13=44…3
6	64+2=66	665+10=675	675÷13=51…12
7	74+2=76	765+10=775	775÷13=59…8
8	84+2=86	865+10=875	875÷13=67…4
9	94+2=96	965+10=975	975÷13=75

➡ ③에서 나누어떨어지는 것은 975÷13=75이므로 민재가 생각한 수는 9이고, ③에서 구한 몫은 75입니다.

45쪽

3 90으로 나눈 나머지가 34인 수를 40과 70으로 각각 나누어 나머지를 알아봅니다.

90으로 나눈 나머지가 34인 수	40으로 나눈 나머지	70으로 나눈 나머지
124	4	54
214	14	4
304	24	24
394	34	44
484	4	64
574	14	14
664	24	34
754	34	54
⋮	⋮	⋮

➡ 상자 안에 들어 있는 사탕은 적어도 754개입니다.

4 모두 암탉을 사면 암탉은 $100000÷5000=20$(마리)를 살 수 있지만 적어도 한 마리씩은 사야 하므로 암탉을 19마리 사는 경우부터 차례로 알아봅니다.

암탉 수	수탉 수	병아리 수	전체 수	금액
19	1	3	23	100000
18	1	18	37	100000
18	2	6	26	100000
17	1	33	51	100000
⋮	⋮	⋮	⋮	⋮
12	1	108	121	100000
12	2	96	110	100000
12	3	84	99	100000
⋮	⋮	⋮	⋮	⋮

➡ 암탉은 최대 12마리를 살 수 있습니다.

4 평면도형의 이동

잘 틀리는 **실력 유형** 48~49쪽

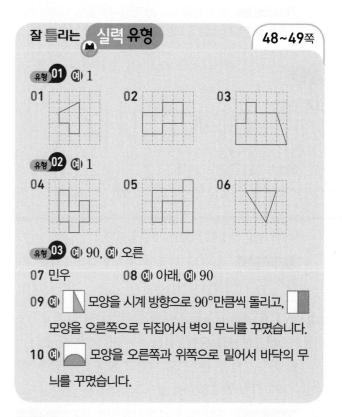

유형 01 예 1
01 02 03

유형 02 예 1
04 05 06

유형 03 예 90, 예 오른
07 민우 08 예 아래, 예 90

09 예 ▨ 모양을 시계 방향으로 90°만큼씩 돌리고, ▨ 모양을 오른쪽으로 뒤집어서 벽의 무늬를 꾸몄습니다.

10 예 ▨ 모양을 오른쪽과 위쪽으로 밀어서 바닥의 무늬를 꾸몄습니다.

48쪽

01 오른쪽으로 2번 뒤집었을 때의 도형은 처음과 같습니다.

왜 틀렸을까? 오른쪽으로 2번 뒤집은 도형은 처음 도형과 같음을 알고 있는지 확인합니다.

02 아래쪽으로 4번 뒤집었을 때의 도형은 처음과 같습니다.

왜 틀렸을까? 아래쪽으로 2번 뒤집을 때마다 처음 도형과 같아지는 것을 알고 있는지 확인합니다.

03 왼쪽으로 7번 뒤집었을 때의 도형은 왼쪽으로 1번 뒤집었을 때의 도형과 같습니다.

왜 틀렸을까? 왼쪽으로 2번 뒤집을 때마다 처음 도형과 같아지는 것을 알고 있는지 확인합니다.

04 시계 방향으로 90°만큼 4번 돌리는 것은 360° 돌리는 것이므로 처음 도형과 같습니다.

왜 틀렸을까? 시계 방향으로 90°만큼 4번 돌린 도형은 처음 도형과 같음을 알고 있는지 확인합니다.

05 시계 반대 방향으로 90°만큼 5번 돌린 도형은 시계 반대 방향으로 90°만큼 1번 돌린 도형과 같습니다.

왜 틀렸을까? 시계 반대 방향으로 90°만큼 4번 돌릴 때마다 처음 도형과 같아지는 것을 알고 있는지 확인합니다.

06 시계 방향으로 90°만큼 3+11=14(번) 돌린 도형은 시계 방향으로 90°만큼 2번 돌린 도형과 같습니다.

왜 틀렸을까? 시계 방향으로 90°만큼 4번 돌릴 때마다 처음 도형과 같아지는 것을 알고 있는지 확인합니다.

49쪽

07 민우:

혜미:

➡ 바르게 설명한 사람은 민우입니다.

왜 틀렸을까? 돌리기와 뒤집기의 순서에 따라 도형을 이동하여 확인해 봅니다.

08 예) 처음 도형을 오른쪽으로 뒤집고 시계 반대 방향으로 270°만큼 돌렸습니다.

예) 처음 도형을 위쪽으로 뒤집고 시계 반대 방향으로 90°만큼 돌렸습니다. 등

왜 틀렸을까? 뒤집기를 먼저 한 다음 시계 반대 방향으로 돌리는 순서에 맞게 썼는지 확인해 봅니다.

09

서술형 가이드 ◺ 모양과 ▯ 모양으로 무늬 꾸민 규칙을 바르게 설명했는지 확인합니다.

채점 기준

상	무늬 꾸민 규칙을 바르게 설명함.
중	무늬 꾸민 규칙을 설명했으나 미흡함.
하	무늬 꾸민 규칙을 설명하지 못함.

10 ◠ 모양의 방향을 바꾸지 않고 무늬를 꾸몄습니다.

서술형 가이드 ◠ 모양으로 무늬 꾸민 규칙을 바르게 설명했는지 확인합니다.

채점 기준

상	무늬 꾸민 규칙을 바르게 설명함.
중	무늬 꾸민 규칙을 설명했으나 미흡함.
하	무늬 꾸민 규칙을 설명하지 못함.

다르지만 같은 유형 50~51쪽

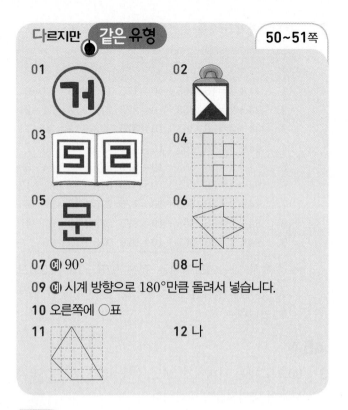

07 예) 90°
08 다
09 예) 시계 방향으로 180°만큼 돌려서 넣습니다.
10 오른쪽에 ○표
11
12 나

50쪽

01~03 핵심
도장에 새긴 모양을 찍으면 오른쪽(또는 왼쪽)으로 뒤집은 모양이 됩니다.

01 도장에 새긴 글자를 종이에 찍으면 오른쪽(또는 왼쪽)으로 뒤집은 모양이 됩니다.

02 도장에 새긴 모양을 종이에 찍으면 오른쪽(또는 왼쪽)으로 뒤집은 모양이 되므로 주어진 모양을 왼쪽(또는 오른쪽)으로 뒤집은 모양을 새겨야 합니다.

03 책의 왼쪽에는 도장에 새겨져 있는 수를 오른쪽(또는 왼쪽)으로 뒤집은 수가 만들어집니다. 책의 오른쪽에는 책의 왼쪽에 찍힌 수를 오른쪽으로 뒤집은 수가 만들어집니다.

04~06 핵심
움직이기 전 처음 도형을 알아보려면 움직인 모양을 반대로 움직입니다.
① 뒤집기 전 처음 도형은 뒤집은 도형을 반대로 뒤집습니다.
② 돌리기 전 처음 도형은 돌린 도형을 반대로 돌립니다.

04 주어진 도형을 왼쪽으로 뒤집은 도형을 그립니다.

05 글자 '곰'을 시계 방향으로 180°만큼 돌렸을 때의 글자를 그립니다.

06 처음 도형은 움직인 도형을 시계 반대 방향으로 90°만큼 7번 돌린 도형입니다.

(시계 반대 방향으로 90°만큼 7번 돌린 도형)

＝(시계 반대 방향으로 90°만큼 3번 돌린 도형)

＝(시계 방향으로 90°만큼 1번 돌린 도형)

51쪽

07~09 핵심

퍼즐을 완성하려면 빈 공간과 똑같은 모양을 찾은 다음 밀기, 뒤집기, 돌리기를 이용하여 빈 공간에 들어가는지 확인합니다.

07 조각의 직각 부분이 위쪽으로 이동하도록 돌립니다.

08 다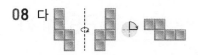

09 조각의 위쪽 부분을 아래쪽으로, 왼쪽 부분을 오른쪽으로 이동시켜야 하므로 180°만큼 돌려서 넣어야 합니다.

시계 반대 방향으로 180°만큼 돌려서 넣어도 됩니다.

서술형 가이드 퍼즐 조각의 모양을 보고 돌리기를 이용하여 방향과 각도를 바르게 썼는지 확인합니다.

채점 기준

상	움직이는 방법을 바르게 설명함.
중	움직이는 방법을 설명했으나 미흡함.
하	움직이는 방법을 설명하지 못함.

10~12 핵심

무늬와 움직인 도형을 보고 밀기, 뒤집기, 돌리기를 이용하여 움직인 규칙을 찾아야 합니다.

10

11 도형을 시계 방향으로 90°만큼씩 돌린 것입니다.

12 나 모양을 시계 방향으로 90°만큼씩 돌리면 주어진 무늬를 만들 수 있습니다.

나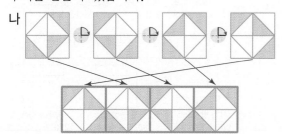

응용 유형
52~55쪽

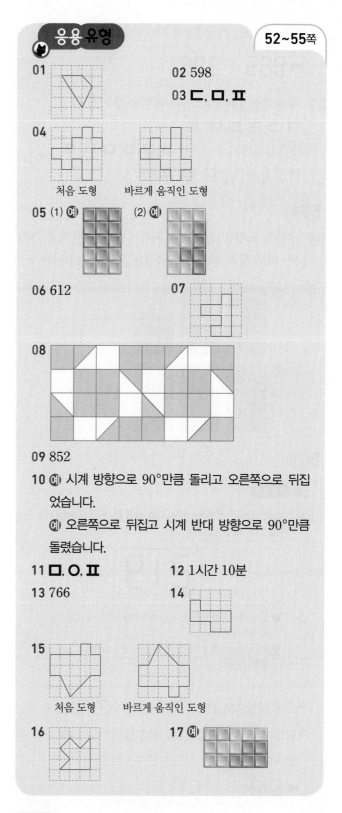

01

02 598

03 ㄷ, ㅁ, ㅍ

04 처음 도형 / 바르게 움직인 도형

05 (1) 예 (2) 예

06 612

07

08

09 852

10 예 시계 방향으로 90°만큼 돌리고 오른쪽으로 뒤집었습니다.

예 오른쪽으로 뒤집고 시계 반대 방향으로 90°만큼 돌렸습니다.

11 ㅁ, ㅇ, ㅍ

12 1시간 10분

13 766

14

15 처음 도형 / 바르게 움직인 도형

16

17 예

52쪽

01 ① 270°＋270°＝540°＝360°＋180°이므로 시계 방향으로 180°만큼 돌립니다.

② 아래쪽으로 2번 뒤집은 도형은 처음 도형과 같습니다.

따라서 시계 방향으로 180°만큼 돌리기만 하면 됩니다.

02 만들 수 있는 가장 큰 세 자리 수는 **865**입니다.

➡ **865 ⊕ 598**

03 시계 방향으로 180°만큼 돌린 모양:

ㄱ ㄷ ㄹ ㅁ ㅂ ㅍ

왼쪽으로 뒤집은 모양: ㄴ ㄷ ㄷ ㅁ ㅂ ㅍ

➡ 같은 글자는 **ㄷ, ㅁ, ㅍ**입니다.

53쪽

04 주어진 도형을 왼쪽으로 뒤집어서 처음 도형을 그린 뒤, 이 도형을 위쪽으로 뒤집은 도형을 그립니다.

05 (1) 예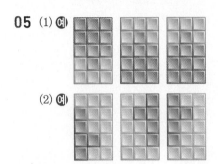

(2) 예

54쪽

06 문제 분석

06 다음은 진주가 ❶물구나무서기를 하여 본 수의 모습입니다. / ❷원래 수는 무엇입니까?

219

❶ 물구나무서기를 하여 본 수는 원래 수를 시계 방향으로 180°만큼 돌린 모양입니다.
❷ 물구나무서기를 하여 본 수를 시계 반대 방향으로 180°만큼 돌립니다.

❶시계 방향으로 180°만큼 돌린 수가 **219**이므로

❷원래 수는 **219**를 시계 반대 방향으로 180°만큼 돌립니다.

➡ **612**

07 ① 180°＋180°＋180°＝360°＋180°이므로 시계 반대 방향으로 180°만큼 돌립니다.
② 오른쪽으로 2번 뒤집은 도형은 처음 도형과 같습니다.
따라서 시계 반대 방향으로 180°만큼 돌리기만 하면 됩니다.

08 문제 분석

08❶오른쪽 모양을 이용하여 규칙적인 무늬를 만들었습니다. / ❷빈 곳에 알맞은 모양을 그려 보시오.

❶ 무늬를 만든 규칙을 찾습니다.
❷ ❶에서 찾은 규칙에 맞게 빈 곳에 알맞은 모양을 그립니다.

❶주어진 모양을 시계 방향으로 90°만큼씩 돌려가며 무늬를 만든 것이므로 규칙에 따라 모양을 그립니다.

❷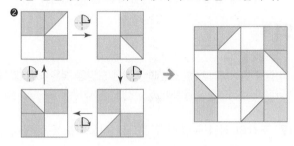

09 만들 수 있는 가장 작은 세 자리 수는 **258**입니다.

➡ **258 ⊕ 852**

10 문제 분석

10❶왼쪽 도형을 2번 움직여서 오른쪽 도형을 얻었습니다. / ❷도형을 어떻게 움직였는지 서로 다른 2가지 방법으로 설명해 보시오.

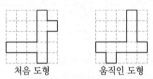

처음 도형   움직인 도형

❶ 왼쪽 도형을 밀기, 뒤집기, 돌리기 한 도형을 알아봅니다.
❷ ❶의 도형을 한 번 더 움직여서 오른쪽 도형이 되는 방법을 2가지로 설명합니다.

❶ • 왼쪽 도형을 어느 방향으로 밀어도 처음 도형과 같습니다.
• 왼쪽 도형을 뒤집었을 때 만들 수 있는 도형

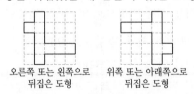

오른쪽 또는 왼쪽으로   위쪽 또는 아래쪽으로
뒤집은 도형   뒤집은 도형

• 왼쪽 도형을 돌렸을 때 만들 수 있는 도형

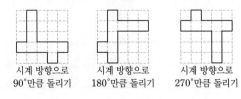

시계 방향으로   시계 방향으로   시계 방향으로
90°만큼 돌리기   180°만큼 돌리기   270°만큼 돌리기

❷이와 같이 움직인 도형을 한 번 더 움직여서 오른쪽 도형을 만들어 봅니다.

① 오른쪽(또는 왼쪽)으로 뒤집고 시계 반대 방향으로 90°만큼 돌리기
② 위쪽(또는 아래쪽)으로 뒤집고 시계 방향으로 90°만큼 돌리기
③ 시계 방향으로 90°만큼 돌리고 오른쪽(또는 왼쪽)으로 뒤집기
④ 시계 방향으로 270°만큼 돌리고 위쪽(또는 아래쪽)으로 뒤집기

움직이는 방법은 여러 가지입니다.

서술형 가이드 왼쪽 도형을 2번 움직여서 오른쪽 도형을 만든 방법이 맞는지 확인합니다.

채점 기준

상	움직인 방법 2가지를 바르게 설명함.
중	움직인 방법 1가지만 맞음.
하	움직인 방법을 모름.

11 시계 방향으로 180°만큼 돌린 모양:

ㄴ ㄹ ㅁ ㅇ ㅌ ㅍ

위쪽으로 뒤집은 모양: ㄴ ㄹ ㅁ ㅇ ㅌ ㅍ

➡ 같은 글자는 **ㅁ, ㅇ, ㅍ**입니다.

55쪽

12 문제 분석

12 민기가 저녁 동안 숙제를 했습니다. ❷6시 20분부터 숙제를 시작하여 / ❶거울에 비친 시계가 다음과 같을 때 끝냈습니다. / ❷민기가 숙제를 하는 데 걸린 시간은 몇 시간 몇 분입니까?

❶ 거울에 비친 시계가 가리키는 시각을 구합니다.
❷ 민기가 숙제를 하는 데 걸린 시간을 구합니다.

  시계가 가리키는 시각은 7시 30분 입니다.

➡❷6시 20분부터 숙제를 시작하여 7시 30분에 끝냈으므로 걸린 시간은 1시간 10분입니다.

참고

거울에 비친 모양은 처음 모양을 오른쪽(또는 왼쪽)으로 뒤집은 모양입니다.

---

13 문제 분석

13 ❶다음 수 카드를 오른쪽으로 뒤집었을 때 만들어지는 수와 / ❷아래쪽으로 뒤집었을 때 만들어지는 수의 / ❸합을 구하시오.

❶ 수 카드를 오른쪽으로 뒤집었을 때 만들어지는 수를 구합니다.
❷ 수 카드를 아래쪽으로 뒤집었을 때 만들어지는 수를 구합니다.
❸ ❶과 ❷에서 구한 수의 합을 구합니다.

➡❸합: 581+185=766

14 문제 분석

14 ❶일정한 규칙으로 도형을 움직인 것입니다. / ❷26째에 알맞은 도형을 그려 보시오.

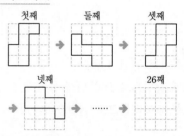

❶ 도형을 움직인 규칙을 찾습니다.
❷ 반복되는 도형의 모양을 찾아 26째에 알맞은 도형을 그립니다.

❶도형을 시계 반대 방향으로 90°만큼씩 돌리는 규칙입니다.

❷90°만큼씩 4번 돌릴 때마다 처음 도형과 같아지므로 4개의 도형이 반복됩니다. 26÷4=6…2에서 26째 도형은 4개의 도형이 6번 반복된 후 둘째 도형입니다.

➡ 둘째 도형과 같게 그립니다.

15 · 처음 도형: 잘못 움직인 도형을 왼쪽으로 뒤집습니다.

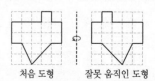

처음 도형　　잘못 움직인 도형

· 바르게 움직인 도형:
처음 도형을 위쪽으로 뒤집습니다.

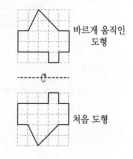

16 문제 분석

16 어떤 도형을 ^❸위쪽으로 뒤집고 / ^❷시계 방향으로 180°만큼 돌린 다음 / ^❶왼쪽으로 뒤집은 도형이 오른쪽과 같습니다. / ^❹처음 도형을 그려 보시오.

> ❶ 왼쪽으로 뒤집기 전 도형을 그려 봅니다.
> ❷ 시계 방향으로 180°만큼 돌리기 전 도형을 그려 봅니다.
> ❸ 위쪽으로 뒤집기 전 도형을 그려 봅니다.
> ❹ 처음 도형을 그려 봅니다.

• ^❶왼쪽으로 뒤집기 전:
움직인 도형을 오른쪽으로 뒤집습니다.

움직인 도형

• ^❷시계 방향으로 180°만큼 돌리기 전: 왼쪽으로 뒤집기 전 도형을 시계 반대 방향으로 180°만큼 돌립니다.

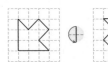

• ^❸위쪽으로 뒤집기 전:
시계 방향으로 180°만큼 돌리기 전 도형을 아래쪽으로 뒤집습니다.

• ^❹처음 도형: 위쪽으로 뒤집기 전 도형이 처음 도형입니다.

17 예

사고력 유형 56~57쪽

1 ㉡ **2** 초록, 왼, 2 ; 파란, 아래, 3 ; 빨간, 오른, 5

3 (1)
```
 5 3 5
 - 2 3 2
 ─────
   3 0 3
```

(2) **128 + 851** = 979

4 3개

---

1 도장을 찍었을 때 나올 수 있는 모양은 도장에 새겨진 모양을 한 번 뒤집은 모양과 같습니다.
㉡은 위쪽 또는 아래쪽으로 뒤집은 모양입니다.

2 빨간색 자동차가 나가려면 앞을 막고 있는 파란색 자동차를 움직여야 합니다. 그러나 파란색 자동차는 초록색 자동차가 가로막고 있습니다. 따라서 가장 먼저 초록색 자동차를 움직여야 하고 파란색 자동차를 움직인 다음 빨간색 자동차를 움직입니다.

참고

① 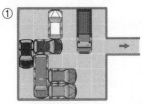 ②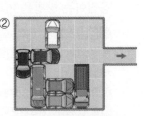

초록색 자동차를 왼쪽으로 2 cm 밉니다.

파란색 자동차를 아래쪽으로 3 cm 밉니다.

③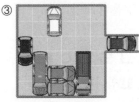

빨간색 자동차를 오른쪽으로 5 cm 밉니다.

3 (1) 232의 위쪽 거울에 비친 수는 535입니다.

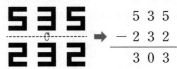 →
```
 5 3 5
 - 2 3 2
 ─────
   3 0 3
```

(2) 128의 오른쪽 거울에 비친 수는 851입니다.

 → 128 + 851 = 979

4 주어진 모양을 시계 반대 방향으로 180°만큼 돌렸을 때의 모양은 다음과 같습니다.

오른쪽과 같이 바둑돌을 3개 움직이면 시계 반대 방향으로 180°만큼 돌렸을 때의 모양이 됩니다.

도전! 최상위 유형

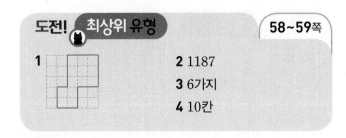

2 1187

3 6가지

4 10칸

58쪽

1 (오른쪽으로 15번 뒤집은 도형)
　＝(오른쪽으로 1번 뒤집은 도형)
　(시계 방향으로 90°만큼 18번 돌린 도형)
　＝(시계 방향으로 90°만큼 2번 돌린 도형)
➡ 움직인 도형을 시계 반대 방향으로 90°만큼 2번 $\underset{180°}{}$ 돌린 뒤 왼쪽으로 1번 뒤집습니다.

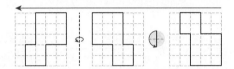

2 와 같이 돌렸을 때 수가 되는 것은

0, 1, 2, 5, 6, 8, 9입니다.

이 숫자들로 만들 수 있는 가장 큰 세 자리 수는 986이고 가장 작은 세 자리 수는 102입니다.

986 986　102 201

따라서 만들어지는 두 수의 합은 986＋201＝1187입니다.

59쪽

3

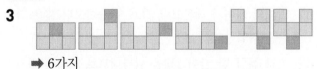

➡ 6가지

4 현준:

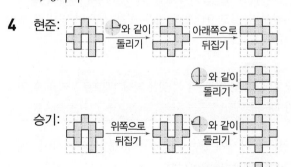

따라서 두 모눈종이를 완전히 겹쳐 보았을 때 색칠한 부분 중 겹치는 칸은 오른쪽과 같이 모두 10칸입니다.

---

5 막대그래프

잘 틀리는 실력 유형

유형 01 2, 7

01 8명, 9명　　　　　**02** 고궁

03 고궁 ; 예 민아네 반 학생 중 가장 많은 학생들이 가고 싶어 하는 장소로 가면 좋을 것 같습니다.

유형 02 5, 2 ; 2, 16

04 30명　　　　　**05** 2000개, 1300개

유형 03 5 ;

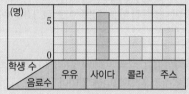

06 4명

07 44, 24, 120 ;

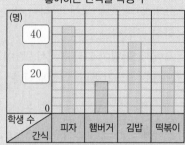

08 1반

09 예 스마트폰 사용 시간이 늘어날수록 독서 시간은 줄어듭니다.

62쪽

01 박물관: 2＋6＝8(명), 고궁: 4＋5＝9(명)
　왜 틀렸을까? 두 막대그래프에서 박물관과 고궁의 남학생 수와 여학생 수를 각각 알아본 후 합을 구해야 합니다.

02 9＞8＞7이므로 고궁입니다.
　왜 틀렸을까? 놀이공원, 박물관, 고궁 중 학생 수가 가장 많은 곳을 써야 합니다.

03 **서술형 가이드** 장소를 고른 이유에 대해 본인의 생각을 바르게 썼는지 확인합니다.

채점 기준

상	장소를 고른 이유에 대해 본인의 생각을 바르게 씀.
중	장소를 고른 이유에 대해 본인의 생각을 썼지만 미흡함.
하	장소를 고른 이유를 쓰지 못함.

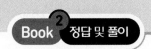

왜 틀렸을까? 남학생과 여학생 중 한쪽에서만 학생 수가 가장 많은 장소가 아닌 남학생 수와 여학생 수의 합이 가장 많은 장소를 써야 합니다.

04 파랑의 막대의 길이는 3칸이므로 세로 눈금 한 칸이 18÷3=6(명)을 나타냅니다.
빨강의 막대의 길이는 5칸이므로 6×5=30(명)입니다.

왜 틀렸을까? 파랑의 막대의 길이는 3칸이고 3칸이 나타내는 학생 수가 18명임을 알아야 합니다.

05 다의 막대의 길이는 17칸이므로 가로 눈금 한 칸이 1700÷17=100(개)를 나타냅니다.
가의 막대의 길이는 20칸이므로 100×20=2000(개)입니다.
나의 막대의 길이는 13칸이므로 100×13=1300(개)입니다.

왜 틀렸을까? 다의 막대의 길이는 17칸이고 17칸이 나타내는 사탕 수가 1700개임을 알아야 합니다.

63쪽

06 표와 그래프에 모두 나타나 있는 '김밥' 항목을 이용하여 구합니다.
표에서 36명이 그래프에서 9칸이므로 세로 눈금 한 칸은 36÷9=4(명)을 나타냅니다.

왜 틀렸을까? 표와 그래프에 모두 나타나 있는 항목인 김밥을 찾아서 구해야 합니다.

07 세로 눈금 한 칸이 4명을 나타내는 것을 이용하여 각각의 빈 곳에 알맞은 수를 써넣고 막대를 그려 넣습니다.

왜 틀렸을까? 세로 눈금 한 칸이 4명을 나타내는 것을 생각하지 않았습니다.

08 각 반의 아버지와 어머니 중 적게 오신 쪽을 기준으로 알아봅니다.
세로 눈금 한 칸이 10÷5=2(명)을 나타내므로 1반은 14팀, 2반은 4팀, 3반은 6팀, 4반은 12팀입니다.
따라서 가장 많은 팀을 만들 수 있는 반은 1반입니다.

09 **서술형 가이드** 스마트폰 사용 시간이 늘어날수록 독서 시간은 줄어든다는 말이 들어 있어야 합니다.

채점 기준

상	스마트폰 사용 시간과 독서 시간 사이의 관계를 바르게 씀.
중	스마트폰 사용 시간과 독서 시간 사이의 관계를 썼지만 미흡함.
하	스마트폰 사용 시간과 독서 시간 사이의 관계를 쓰지 못함.

다르지만 같은 유형 64~65쪽

01 체리 **02** 장미, 해바라기

03
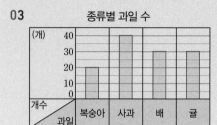
종류별 과일 수

04
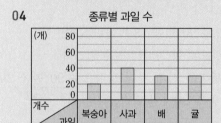
종류별 과일 수

05
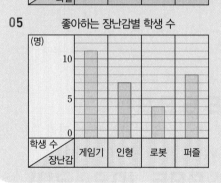
좋아하는 장난감별 학생 수

06 독일

07 8벌

08 11개

64쪽

01~02 **핵심**
막대그래프에서 필요한 항목만 찾을 수 있어야 합니다.

01 막대의 길이가 레몬보다 길고, 복숭아보다 짧은 과일은 체리입니다.

02 가로 눈금 한 칸이 1명을 나타내므로 막대의 길이가 5칸보다 길고 9칸보다 짧은 꽃을 찾으면 장미와 해바라기입니다.

03~04 **핵심**
눈금 한 칸이 나타내는 수에 맞게 막대그래프를 나타낼 수 있어야 합니다.

03 연주네 가게에 있는 복숭아는 20개, 사과는 40개, 배는 30개, 귤은 30개입니다.
세로 눈금 한 칸이 5개를 나타내므로
복숭아: 20÷5=4(칸), 사과: 40÷5=8(칸),
배: 30÷5=6(칸), 귤: 30÷5=6(칸)만큼 막대를 그립니다.

04 세로 눈금 한 칸이 10개를 나타내므로
복숭아: $20 \div 10 = 2$(칸), 사과: $40 \div 10 = 4$(칸),
배: $30 \div 10 = 3$(칸), 귤: $30 \div 10 = 3$(칸)만큼 막대를
그립니다.

65쪽

05-06 핵심
합계를 이용하여 모르는 항목의 수를 구할 수 있어야 합니다.

05 세로 눈금 5칸이 5명을 나타내므로 세로 눈금 한 칸은
$5 \div 5 = 1$(명)을 나타냅니다.
게임기는 11명, 로봇은 4명, 퍼즐은 8명입니다.
➡ (인형의 학생 수)$= 30 - 11 - 4 - 8 = 7$(명)
세로 눈금 한 칸이 1명을 나타내므로 인형은 7칸만큼
막대를 그립니다.

06 세로 눈금 5칸이 5명을 나타내므로 세로 눈금 한 칸은
$5 \div 5 = 1$(명)을 나타냅니다.
미국은 9명, 프랑스는 7명, 호주는 5명입니다.
➡ (독일의 학생 수)$= 25 - 9 - 7 - 5 = 4$(명)
따라서 $4 < 5 < 7 < 9$이므로 가장 적은 학생들이 가고
싶은 나라는 독일입니다.

07-08 핵심
막대그래프를 이용하여 조건에 맞는 수를 구할 수 있어야 합니다.

07 가장 많이 가지고 있는 옷은 파랑이고 7벌입니다.
나머지 빨강, 노랑, 초록 옷도 7벌씩 있어야 합니다.
(사야 하는 빨강 옷의 수)$= 7 - 5 = 2$(벌)
(사야 하는 노랑 옷의 수)$= 7 - 6 = 1$(벌)
(사야 하는 초록 옷의 수)$= 7 - 2 = 5$(벌)
➡ $2 + 1 + 5 = 8$(벌)

참고
더 사야 하는 옷의 수를 구해야 하므로 7에서 현재 옷의 수를
뺀 값들을 더해야 합니다.

08 가장 적게 가지고 있는 사탕은 레몬 맛이고 3개입니다.
나머지 포도 맛, 딸기 맛, 바닐라 맛도 3개씩 있어야
합니다.
(먹어야 하는 포도 맛 사탕의 수)$= 8 - 3 = 5$(개)
(먹어야 하는 딸기 맛 사탕의 수)$= 5 - 3 = 2$(개)
(먹어야 하는 바닐라 맛 사탕의 수)$= 7 - 3 = 4$(개)
➡ $5 + 2 + 4 = 11$(개)

참고
먹어야 하는 사탕의 수를 구해야 하므로 현재 사탕의 수에서
3을 뺀 값들을 더해야 합니다.

응용 유형

01
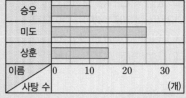
먹고 남은 사탕의 수

02 80권 **03** 3명

04 8시 10분 **05** 지아, 10개

06 500 mL

07
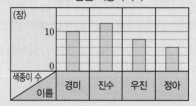
쓰고 남은 색종이의 수

08 108명

09 예 1일: $4 - 3 = 1$(cm), 2일: $9 - 6 = 3$(cm),
3일: $15 - 10 = 5$(cm)
➡ 두 싹의 키의 차는 1 cm, 3 cm, 5 cm로 점점 늘
어나고 있습니다.

10 6명 **11** 8시 2분

12 (나) 오늘 수확한 사과의 양
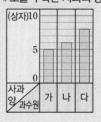

66쪽

01 5개씩 먹고 남은 사탕의 수는
승우: $15 - 5 = 10$(개), 미도: $30 - 5 = 25$(개),
상훈: $20 - 5 = 15$(개)입니다.
가로 눈금 2칸이 10개를 나타내므로 가로 눈금 한 칸
은 $10 \div 2 = 5$(개)를 나타냅니다.
승우: $10 \div 5 = 2$(칸), 미도: $25 \div 5 = 5$(칸),
상훈: $15 \div 5 = 3$(칸)만큼 막대를 그립니다.

02 1반의 막대의 길이가 11칸이므로 세로 눈금 한 칸은
$22 \div 11 = 2$(권)을 나타냅니다.
➡ 1반: 22권, 2반: $2 \times 13 = 26$(권),
3반: $2 \times 9 = 18$(권), 4반: $2 \times 7 = 14$(권)
따라서 모두 $22 + 26 + 18 + 14 = 80$(권)입니다.

1반의 막대의 길이가 11칸이므로 세로 눈금 한 칸은
22÷11=2(권)을 나타냅니다.
반별로 막대의 세로 눈금의 칸 수를 알아보면
1반: 11칸, 2반: 13칸, 3반: 9칸, 4반: 7칸이므로
칸 수의 합은 11+13+9+7=40(칸)입니다.
따라서 모두 2×40=80(권)입니다.

67쪽

03 세로 눈금 5칸이 5명을 나타내므로 세로 눈금 한 칸
은 5÷5=1(명)을 나타냅니다.
➡ 수학은 7명, 과학은 6명입니다.
전체 학생 수는 22명, 수학은 7명, 과학은 6명이므로
(국어)+(사회)=22-7-6=9(명)입니다.
합이 9이고 차가 1인 두 수는 5와 4이므로 국어는 5명,
사회는 4명입니다.
➡ 7>6>5>4이므로 7-4=3(명)입니다.

참고
합이 9인 두 수: (9, 0), (8, 1), (7, 2), (6, 3), (5, 4)
➡ 이 중에서 차가 1인 두 수는 5와 4입니다.

04 5분에 200 m씩 걷는다면 1분에 200÷5=40 (m)씩
걷는 셈입니다.
은미네 집에서 학교까지의 거리가 800 m이므로
800÷40=20(분)이 걸립니다.
따라서 오전 8시 30분에서 20분 전의 시각인 오전
8시 10분에 집에서 출발해야 합니다.

참고
(1분 동안 걷는 거리)=(■분 동안 걷는 거리)÷■

68쪽

05 문제 분석

05 민준이와 친구들이 구슬치기 전과 후에 가지고 있는 구슬 수
를 조사하여 나타낸 막대그래프입니다. ❶구슬이 가장 많이
늘어난 사람은 누구이고, / ❷몇 개 늘어났습니까?

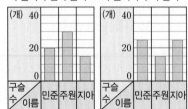

❶ 막대의 길이가 가장 많이 길어진 사람을 찾습니다.
❷ 세로 눈금 한 칸은 구슬 몇 개를 나타내는지 구한 후 ❶에서 찾
은 사람의 늘어난 칸 수를 이용하여 구합니다.

❶민준이와 지아의 막대가 길어졌습니다.
막대의 길이가 민준이는 1칸, 지아는 2칸만큼 길어졌
으므로 구슬이 가장 많이 늘어난 사람은 지아입니다.
❷세로 눈금 한 칸은 20÷4=5(개)를 나타내므로 지아
의 늘어난 구슬 수는 5×2=10(개)입니다.

06 문제 분석

06 가, 나, 다 세 비커에 들어 있는 물의 양을 조사하여 나타낸
막대그래프입니다. ❶나 비커에 들어 있는 물의 양은 가 비
커에 들어 있는 물의 양보다 60 mL 더 많습니다. / ❷세 비
커에 들어 있는 물의 양은 모두 몇 mL입니까?

❶ 가 비커에 들어 있는 물의 양에 60 mL를 더해 나 비커에 들어
있는 물의 양을 구합니다.
❷ 세 비커에 들어 있는 물의 양을 모두 더합니다.

❶가로 눈금 5칸이 100 mL를 나타내므로 가로 눈금 한
칸은 100÷5=20 (mL)를 나타냅니다.
(가 비커에 들어 있는 물의 양)=140 mL
(나 비커에 들어 있는 물의 양)
=140+60=200 (mL)
(다 비커에 들어 있는 물의 양)=160 mL
❷➡ (세 비커에 들어 있는 물의 양)
=140+200+160=500 (mL)

07 7장씩 쓰고 남은 색종이의 수는
경미: 17-7=10(장), 진수: 19-7=12(장),
우진: 15-7=8(장), 정아: 13-7=6(장)입니다.
세로 눈금 5칸이 10장을 나타내므로 세로 눈금 한 칸
은 10÷5=2(장)을 나타냅니다.
경미: 10÷2=5(칸), 진수: 12÷2=6(칸),
우진: 8÷2=4(칸), 정아: 6÷2=3(칸)만큼 막대를
그립니다.

08 축구의 막대의 길이가 8칸이므로 세로 눈금 한 칸은
24÷8=3(명)을 나타냅니다.
➡ 축구: 24명, 야구: 3×12=36(명),
농구: 3×6=18(명), 배구: 3×10=30(명)
따라서 모두 24+36+18+30=108(명)입니다.

다른 풀이

축구의 막대의 길이가 8칸이므로 세로 눈금 한 칸은
24÷8=3(명)을 나타냅니다.

운동별로 막대의 세로 눈금의 칸 수를 알아보면

축구: 8칸, 야구: 12칸, 농구: 6칸, 배구: 10칸이므로

칸 수의 합은 8+12+6+10=36(칸)입니다.

따라서 모두 3×36=108(명)입니다.

69쪽

09 문제 분석

09 강낭콩 싹과 토마토 싹의 키를 조사하여 나타낸 막대그래프
입니다. ❶두 싹의 날짜별 키의 차는 / ❷어떻게 변하고 있는
지 쓰시오.

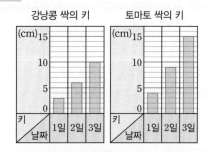

강낭콩 싹의 키 　　　토마토 싹의 키

❶ 1일, 2일, 3일 두 싹의 키의 차를 각각 구합니다.
❷ ❶의 결과를 이용하여 두 싹의 키의 차가 어떻게 변하고 있는지
쑵니다.

❶1일: 4−3=1 (cm), 2일: 9−6=3 (cm),
3일: 15−10=5 (cm)

❷➡ 두 싹의 키의 차는 1 cm, 3 cm, 5 cm로 점점 늘
어나고 있습니다.

서술형 가이드 1일부터 3일까지 강낭콩 싹과 토마토 싹의 키
의 차를 구하여 어떻게 변하고 있는지 쓸 수 있어야 합니다.

채점 기준

상	1일부터 3일까지 강낭콩 싹과 토마토 싹의 키의 차를 구하여 어떻게 변하고 있는지 바르게 씀.
중	1일부터 3일까지 강낭콩 싹과 토마토 싹의 키의 차를 구하여 어떻게 변하고 있는지 썼지만 미흡함.
하	강낭콩 싹과 토마토 싹의 키의 차가 어떻게 변하고 있는지 쓰지 못함.

10 세로 눈금 5칸이 5명을 나타내므로 세로 눈금 한 칸
은 5÷5=1(명)을 나타냅니다.

➡ 딸기 맛은 9명, 초코 맛은 8명입니다.

전체 학생 수는 25명, 딸기 맛은 9명, 초코 맛은 8명이
므로 (포도 맛)+(사과 맛)=25−9−8=8(명)입니다.

합이 8이고 차가 2인 두 수는 5와 3이므로 포도 맛은
5명, 사과 맛은 3명입니다.

➡ 9>8>5>3이므로 9−3=6(명)입니다.

참고

합이 8인 두 수: (8, 0), (7, 1), (6, 2), (5, 3), (4, 4)
➡ 이 중에서 차가 2인 두 수는 5와 3입니다.

11 6분에 300 m씩 걷는다면 1분에 300÷6=50 (m)씩
걷는 셈입니다. 순규네 집에서 학교까지의 거리가
900 m이므로 900÷50=18(분)이 걸립니다.

따라서 오전 8시 20분에서 18분 전의 시각인 오전 8시
2분에 집에서 출발해야 합니다.

12 문제 분석

12 어느 마을에서 어제와 오늘 과수원별로 수확한 사과의 양을
조사하여 나타낸 막대그래프입니다. ❶어제는 1상자에 10 kg
씩 담고 / ❷오늘은 어제보다 29 kg 더 수확하여 / ❸1상자에
11 kg씩 담았습니다. / ❹막대그래프 ㈏를 완성하시오.

㈎ 어제 수확한 사과의 양 　　　㈏ 오늘 수확한 사과의 양

❶ 어제 수확한 사과의 양이 몇 kg인지 구합니다.
❷ 오늘 수확한 사과의 양이 몇 kg인지 구합니다.
❸ 오늘 가와 나 과수원에서 수확한 사과의 양이 몇 kg인지 구합
니다.
❹ ❷−❸을 계산하여 다 과수원에서 수확한 사과의 양을 구한 후
막대그래프를 완성합니다.

❶어제 수확한 사과의 양: 5+7+6=18(상자)
어제 수확한 사과의 무게: 10×18=180 (kg)

❷오늘 수확한 사과의 무게: 180+29=209 (kg)

❸오늘 가와 나 과수원에서 수확한 사과의 양:
5+6=11(상자)
오늘 가와 나 과수원에서 수확한 사과의 무게:
11×11=121 (kg)

❹다 과수원에서 수확한 사과의 무게:
209−121=88 (kg)

따라서 오늘 다 과수원에서 수확한 사과가
88÷11=8(상자)이므로 8칸만큼 막대를 그립니다.

사고력 유형　　　　70~71쪽

1 예 금요일 ; 예 금요일에 예약자 수가 가장 적으므로
가장 여유롭게 관람을 할 수 있을 것 같습니다.

2 800원　　　**3** 호준　　　**4** 15칸

70쪽

1 여유롭게 관람을 하려면 예약자 수가 적어야 합니다.

서술형 가이드 요일을 고른 이유에 대해 본인의 생각을 바르게 썼는지 확인합니다.

채점 기준

상	요일을 고른 이유에 대해 본인의 생각을 바르게 씀.
중	요일을 고른 이유에 대해 본인의 생각을 썼지만 미흡함.
하	요일을 고른 이유를 쓰지 못함.

2 막대의 세로 눈금 칸 수가 첫째 주는 9칸, 둘째 주는 13칸, 셋째 주는 11칸, 넷째 주는 7칸이므로 전체 칸 수는 모두 $9+13+11+7=40$(칸)입니다.

➡ 세로 눈금 한 칸이 나타내는 용돈을 □원이라 하면
□$\times 40=32000$, □$=800$입니다.

71쪽

3 세로 눈금 5칸이 5 m를 나타내므로 세로 눈금 한 칸은 $5\div 5=1$ (m)를 나타냅니다.

(호준이의 기록의 합)$=9+8+9=26$ (m)
(시원이의 기록의 합)$=10+6+8=24$ (m)
(동윤이의 기록의 합)$=8+7+10=25$ (m)
따라서 $26>25>24$이므로 대표 선수는 기록의 합이 가장 긴 호준이가 됩니다.

4 햇빛: 52상자, 달빛: 36상자, 별빛: 60상자,
금빛: 44상자
가장 많은 생산량이 60상자이므로 막대그래프에 60상자까지 나타낼 수 있어야 합니다.
따라서 세로 눈금 한 칸이 4상자를 나타내므로 적어도 $60\div 4=15$(칸) 있어야 합니다.

도전! 최상위 유형   72~73쪽

1 1시간 20분   **2** 6명

3 6명

4

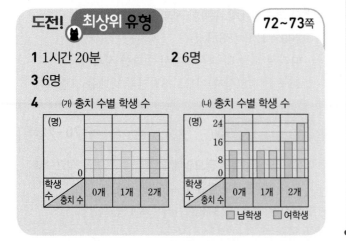
(㉮) 충치 수별 학생 수 / (㉯) 충치 수별 학생 수

72쪽

1 막대의 길이가 가장 긴 학생은 근우이고, 가장 짧은 학생은 안나입니다.
가로 눈금 6칸이 1시간(60분)을 나타내므로 가로 눈금 한 칸은 $60\div 6=10$(분)을 나타냅니다.
근우는 3시간 10분, 안나는 1시간 50분입니다.
➡ 3시간 10분$-$1시간 50분$=$1시간 20분

참고

안나와 근우의 운동한 시간의 차는 가로 눈금 8칸만큼이므로 $10\times 8=80$(분)$=60$분$+20$분$=1$시간 20분입니다.

2 과학자가 되고 싶은 학생 수를 □명이라 하면 연예인이 되고 싶은 학생 수는 (□$\times 3$)명입니다.
세로 눈금 한 칸이 1명을 나타내므로
$6+4+$□$+3+7+$□$\times 3=28$입니다.
➡ $20+$□$\times 4=28$, □$\times 4=8$, □$=2$
따라서 연예인이 되고 싶은 학생은 $2\times 3=6$(명)입니다.

73쪽

3 막대의 가로 눈금 칸 수의 합은
가: $7+11=18$(칸), 나: $9+10=19$(칸),
다: $11+9=20$(칸), 라: $10+7=17$(칸)이므로
전체 칸 수는 모두 $18+19+20+17=74$(칸)입니다.
➡ 가로 눈금 한 칸이 나타내는 학생 수를 □명이라 하면 □$\times 74=222$, □$=3$입니다.
막대 칸 수의 합을 비교하면 $20>19>18>17$이므로 학생 수가 가장 많은 마을은 다입니다.
따라서 다 마을의 남학생 수와 여학생 수의 차는 가로 눈금 2칸이므로 $3\times 2=6$(명)입니다.

4 ㉮에서 0개의 막대의 길이는 4칸이므로 세로 눈금 한 칸이 $32\div 4=8$(명)을 나타냅니다.
충치가 1개인 학생은 $8\times 3=24$(명)이므로 충치가 2개인 학생은 $96-32-24=40$(명)입니다.
➡ $40\div 8=5$(칸)만큼 막대를 그립니다.
㉯에서 세로 눈금 2칸이 8명을 나타내므로 한 칸은 $8\div 2=4$(명)을 나타냅니다.
충치가 0개인 여학생은 $32-12=20$(명)입니다.
➡ $20\div 4=5$(칸)만큼 막대를 그립니다.
충치가 1개인 여학생은 $24-12=12$(명)입니다.
➡ $12\div 4=3$(칸)만큼 막대를 그립니다.
충치가 2개인 여학생은 $40-16=24$(명)입니다.
➡ $24\div 4=6$(칸)만큼 막대를 그립니다.

6 규칙 찾기

유형 **01** 6623, 5622

01

1501	2601	3701	4801
2501	3601	4701	5801
3501	4601	5701	6801
4501	5601	6701	7801

02

16281	16282	16283	16284	16285
36281	36282	36283	36284	36285
56281	56282	56283	56284	56285
76281	76282	76283	76284	76285
96281	96282	96283	96284	96285

유형 **02** 2, 2, 2, 9

03 3, 3, 3, 3, 19

04 6+4+4+4+4+4+4+4=34 ; 34명

유형 **03** 5×5=25

05 100+700−600=200

06 9876543×9+1=88888888

07 (1) (위부터) 14, 20   (2) (위부터) 15, 27

08 1, 3, 9, 27 ;

예 초록색으로 채워진 삼각형의 수가 3배로 늘어나는 규칙입니다.

76쪽

01 4801   4701   4601   4501
     −100   −100   −100

🅦 **왜 틀렸을까?** 4801부터 시작하여 100씩 작아지는 수의 배열을 찾아야 합니다.

02 36281   56282   76283   96284
    +20001   +20001   +20001

🅦 **왜 틀렸을까?** 36281부터 시작하여 20001씩 커지는 수의 배열을 찾아야 합니다.

03 정사각형이 6개가 되었을 때의 성냥개비 수:
4+3+3+3+3+3=19(개)
         3이 5개

🅦 **왜 틀렸을까?** 처음에 정사각형을 1개 만드는 데 필요한 성냥개비는 4개이고, 정사각형이 1개씩 늘어날 때마다 성냥개비는 3개씩 늘어납니다.

04

식탁 수(개)	1	2	3	4
앉을 수 있는 사람 수(명)	6	6+4	6+4+4	6+4+4+4

식탁 8개를 붙였을 때 앉을 수 있는 사람 수:
6+4+4+4+4+4+4+4=34(명)
         4가 7개

🅦 **왜 틀렸을까?** 처음 식탁 1개에 앉을 수 있는 사람은 6명이고, 식탁이 1개씩 늘어날 때마다 앉을 수 있는 사람은 4명씩 늘어납니다.

77쪽

05 계산 결과가 700, 600, 500, 400, 300……으로 100씩 작아지는 규칙입니다.

➡ 200은 300보다 100 작은 수이므로 여섯째 계산식입니다.

다섯째: 200 + 600 − 500 = 300
       100   100   100   100
    작은 수   큰 수   큰 수   작은 수

여섯째: 100 + 700 − 600 = 200

🅦 **왜 틀렸을까?** 계산 결과 700, 600, 500, 400, 300에서 200은 300 바로 다음 수이므로 계산식의 순서는 여섯째입니다.

06 계산 결과가 88, 888, 8888……로 자릿수가 하나씩 늘어나는 규칙입니다.

➡ 88888888은 자릿수가 8개이므로 일곱째 계산식입니다.

🅦 **왜 틀렸을까?** 계산 결과를 보면 첫째는 8이 2개, 둘째는 8이 3개, 셋째는 8이 4개, 넷째는 8이 5개, 다섯째는 8이 6개입니다. 88888888은 8이 8개이므로 계산식의 순서는 일곱째입니다.

07 (1) 위쪽 빈칸: 오른쪽으로 2씩 커지므로 12+2=14입니다.
아래쪽 빈칸: ↘ 방향으로 4씩 커지므로 16+4=20입니다.

(2) ↻ 방향으로 1부터 시작해서 2씩 커지므로 위쪽 빈칸은 13+2=15이고 아래쪽 빈칸은 25+2=27입니다.

다른 풀이

(1) 위쪽 빈칸: ↗ 방향으로 2씩 커지므로 12+2=14입니다.
아래쪽 빈칸: ↗ 방향으로 2씩 커지므로 18+2=20입니다.

(2) 위쪽 빈칸: 위쪽 수의 배열 7, ☐, 23, 31은 8씩 커지므로 ☐는 7+8=15입니다.
아래쪽 빈칸: 아래쪽 수의 배열 3, 11, 19, ☐는 8씩 커지므로 ☐는 19+8=27입니다.

08

$1 \xrightarrow{\times 3} 3 \xrightarrow{\times 3} 9 \xrightarrow{\times 3} 27$

서술형 가이드 삼각형의 수를 세어 보고 규칙을 바르게 찾았는지 확인합니다.

채점 기준

상	삼각형의 수를 세어 규칙을 바르게 찾음.
중	삼각형의 수는 바르게 세었으나 규칙을 찾는 과정에서 실수를 함.
하	삼각형의 수를 바르게 세지 못해 규칙도 틀림.

다르지만 같은 유형 **78~79쪽**

01 (위부터) 6, 0   **02** (위부터) 6, 8, 6

03 (위부터) 2, 2, 4   **04** 5개

05 예 바둑돌의 수가 2개, 3개, 4개 늘어납니다.

06 15개

07 50 ; 2, 3, 4   **08** 45 ; 2, 3, 4

09

13	14	15	16	17	18
7	8	9	10	11	12
1	2	3	4	5	6

10

천재영화관 좌석표

A7	A8	A9	A10	A11	A12	A13
B7	B8	B9	B10	B11	B12	B13
C7	C8	C9				
D7	D8		○			
E7	E8				△	

11 마5

78쪽

01~03 핵심

덧셈, 곱셈, 나눗셈의 계산 결과에서 어떤 수를 배열한 것인지 규칙을 찾아야 합니다.

01 위쪽 수와 왼쪽 수의 덧셈의 결과에서 일의 자리 숫자를 쓰는 규칙입니다.

	301	302	303	304	305
2	3	4	5	6	7
3	4	5	6	7	8
4	5	㉠	7	8	9
5	6	7	8	9	0
6	7	8	9	㉡	1

㉠ $302+4=306 \Rightarrow 6$ ㉡ $304+6=310 \Rightarrow 0$

02 위쪽 수와 왼쪽 수의 곱셈의 결과에서 일의 자리 숫자를 쓰는 규칙입니다.

	11	12	13	14	15
21	1	2	3	4	5
22	2	4	㉠	8	0
23	3	6	9	2	5
24	4	㉡	2	㉢	0
25	5	0	5	0	5

㉠ $13 \times 22 = 286 \Rightarrow 6$

㉡ $12 \times 24 = 288 \Rightarrow 8$

㉢ $14 \times 24 = 336 \Rightarrow 6$

03 위쪽 수를 왼쪽 수로 나누었을 때의 나머지를 쓰는 규칙입니다.

	24	25	26	27	28
3	0	1	2	0	1
4	0	1	2	3	0
5	4	0	1	㉠	3
6	0	1	㉡	3	4
7	3	㉢	5	6	0

㉠ $27 \div 5 = 5 \cdots 2 \Rightarrow 2$

㉡ $26 \div 6 = 4 \cdots 2 \Rightarrow 2$

㉢ $25 \div 7 = 3 \cdots 4 \Rightarrow 4$

04~06 핵심

모양의 개수를 나타낼 때 계산식으로 써 보면 규칙을 찾기 쉽습니다.

04 첫째: 1

둘째: $1+2$ $+2$

셋째: $1+2+3$ $+3$

넷째: $1+2+3+4$ $+4$

다섯째: $1+2+3+4+5$ $+5$

➡ 다섯째 모양을 만들려면 모형이 5개 더 필요합니다.

05 첫째: 1

둘째: $1+2$ $+2$

셋째: $1+2+3$ $+3$

넷째: $1+2+3+4$ $+4$

서술형 가이드 바둑돌의 수가 늘어나는 규칙을 바르게 찾았는지 확인합니다.

채점 기준

상	바둑돌의 수가 늘어나는 규칙을 바르게 찾음.
중	바둑돌의 수가 늘어나는 규칙을 찾는 과정이 미흡함.
하	바둑돌의 수가 늘어나는 규칙을 찾지 못함.

06 첫째: 1

둘째: 1+2

셋째: 1+2+3

넷째: 1+2+3+4

다섯째 배열에 사용될 △은 넷째 배열에서 5개 늘어나므로 1+2+3+4+5=15(개)입니다.

79쪽

07~08 핵심

계산 결과가 같은 곱셈식과 나눗셈식에서 변하는 수와 변하지 않는 수를 구별하고, 변하는 수는 어떻게 변하는지 살펴봅니다.

07

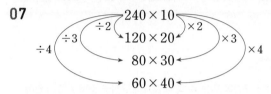

다섯째: 곱해지는 수가 240÷5=48이므로 계산 결과가 같으려면 곱하는 수는 10×5=50이어야 합니다. ➡ 48×50=2400

08

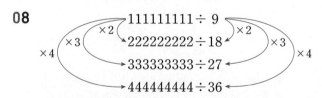

다섯째: 나누어지는 수가

111111111×5=555555555이므로 계산 결과가 같으려면 나누는 수는 9×5=45여야 합니다.

➡ 555555555÷45=12345679

09~11 핵심

실생활에서의 다양한 수 배열을 보고 규칙을 찾아보도록 합니다.

09 왼쪽에서 오른쪽으로 수가 1씩 커집니다.

아래쪽에서 위쪽으로 수가 6씩 커집니다.

10 가로: 알파벳은 그대로이고 오른쪽으로 숫자만 1씩 커집니다.

세로: 아래쪽으로 알파벳이 순서대로 바뀌고 숫자는 그대로입니다.

참고

알파벳과 숫자가 각각 어떻게 변하는지 살펴보고 규칙을 찾습니다.

11 가로: 숫자는 그대로이고 글자가 오른쪽으로 가, 나, 다…… 순으로 바뀝니다.

세로: 글자는 그대로이고 숫자가 아래쪽으로 1씩 커집니다.

■ 표시된 승아의 좌석 번호는 마4입니다. 지훈이는 승아의 바로 뒷자리이므로 글자는 마 그대로이고 숫자는 1 큰 5입니다. ➡ 마5

응용 유형 80~83쪽

01 예 27÷3÷3÷3=1,

예 81÷3÷3÷3÷3=1

02 13 **03** 70개

04 14개

05 예 64÷4÷4÷4=1,

예 256÷4÷4÷4÷4=1

06 21

07

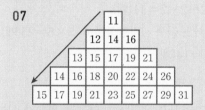

08 (왼쪽에서부터) 432, 81

09 105 **10** (1) 64 (2) 73

11 190개 **12** 여덟째

13 4개 **14** 일곱째

80쪽

01 나누어지는 수가 3배가 되고 3으로 나누는 횟수가 1번 늘어나면 계산 결과는 같습니다.

02 달력에서 ✚ 모양 수의 배열에 있는 5개의 수의 합은 한가운데 수의 5배입니다.

➡ 6+12+13+14+20=13×5

조건을 만족하는 수는 색칠한 5개의 수 중 한가운데에 있는 13입니다.

81쪽

03 첫째부터 바둑돌의 개수를 차례로 세어 봅니다.

1개, 1+4=5(개), 1+4+7=12(개),

1+4+7+10=22(개),

1+4+7+10+13=35(개)……

늘어나는 바둑돌의 개수가 4개, 7개, 10개, 13개……
로 3개씩 늘어납니다.
따라서 일곱째에 알맞은 바둑돌의 개수는
$1+4+7+10+13+16+19=70$(개)입니다.

참고

문제의 그림과 같이 동일한 물건을 오각형 모양으로 배열해서
나타낼 수 있는 수를 '오각수'라고 합니다.

04 파란색 사각형은 오른쪽과 아래쪽으로 각각 1개씩 늘
어나고, 노란색 사각형은 가로, 세로가 각각 0개, 1개,
2개, 3개……인 정사각형 모양입니다.
다섯째 도형과 여섯째 도형은 다음과 같습니다.

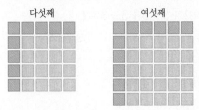

(여섯째 도형에서 파란색 사각형의 수)
$=1+2+2+2+2+2=11$(개)
(여섯째 도형에서 노란색 사각형의 수)$=5×5=25$(개)
➡ 차: $25-11=14$(개)

82쪽

05 나누어지는 수가 4배가 되고 4로 나누는 횟수가 1번
늘어나면 계산 결과는 같습니다.

06 파란색으로 색칠한 9개의 수의 합은 한가운데 수의 9배
입니다.
➡ $13+14+15+20+21+22+27+28+29=21×9$
따라서 파란색으로 색칠한 9개의 수의 합을 9로 나눈
몫은 한가운데 수인 21입니다.

07 문제 분석

07 ❶조건을 만족하는 / ❷계단 모양의 수의 배열을 완성하시오.

┌─ 조건 ─┐
• ↗ 방향으로 1씩 커집니다.
• 가로(→)로 2씩 커집니다.

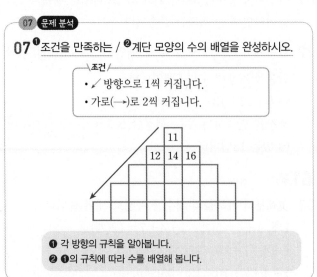

❶ 각 방향의 규칙을 알아봅니다.
❷ ❶의 규칙에 따라 수를 배열해 봅니다.

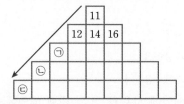

• ↗ 방향으로 1씩 커지므로 ❷수 배열 11, 12, ㉠, ㉡, ㉢
에서 ㉠=13, ㉡=14, ㉢=15입니다.
• ❶가로(→)로 2씩 커지므로 ❷㉠의 오른쪽으로 15, 17,
19, 21을 씁니다.
• ❶가로(→)로 2씩 커지므로 ❷㉡의 오른쪽으로 16, 18,
20, 22, 24, 26을 씁니다.
• ❶가로(→)로 2씩 커지므로 ❷㉢의 오른쪽으로 17, 19,
21, 23, 25, 27, 29, 31을 씁니다.

08 문제 분석

08 ❶삼각형 모양에 있는 수의 배열에서 규칙을 찾아 / ❷□ 안에
알맞은 수를 써넣으시오.

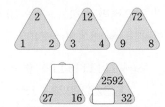

❶ 삼각형 모양에 있는 수의 배열을 보고 규칙을 찾습니다.
❷ ❶의 규칙에 따라 □ 안에 알맞은 수를 구합니다.

❶삼각형 위쪽의 수는 삼각형 아래의 두 수를 곱하여 구
합니다.
$1×2=2$, $3×4=12$, $9×8=72$
➡❷$27×16=□$, $□=432$
$□×32=2592$, $2592÷32=□$, $□=81$

09 문제 분석

09 ❶도형 속에 규칙에 따라 쓴 수를 보고 / ❷㉠과 ㉡에 알맞은
수의 / ❸ 합을 구하시오.

❶ 위의 수와 아래 수의 관계를 이용하여 규칙을 찾습니다.
❷ ㉠과 ㉡에 알맞은 수를 구합니다.
❸ ❷에서 구한 두 수의 합을 구합니다.

❶위에 맞닿은 두 수를 더하면 아래 가운데의 수가 되는 규칙입니다.

❷㉠: 25+50=75, ㉡: 25+5=30

➡❸㉠+㉡=75+30=105

83쪽

10 문제 분석

10 ❶바둑판의 바둑돌에 표시된 수의 배열에서 규칙을 찾아 / ❷㉠에 알맞은 수를 구하시오.

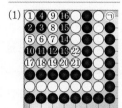 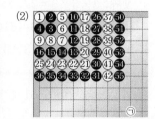

❶ ㉠이 들어가는 수 배열을 보고 규칙을 찾습니다.
❷ ❶에서 찾은 규칙에 따라 ㉠에 알맞은 수를 구합니다.

(1)❶맨 위쪽 가로줄 수의 배열:

1, 4, 9, 16, ☐, ☐, ☐, ㉠

맨 위쪽 가로줄은 1부터 시작하여 같은 수를 두 번 곱한 계산 결과입니다.

❷㉠은 여덟째이므로 ㉠에 알맞은 수는 8×8=64 입니다.

(2)❶ ↘ 방향 수의 배열:

1, 3, 7, 13, 21, 31, ☐, ☐, ㉠
  +2 +4 +6 +8 +10

↘ 방향은 1부터 시작하여 더하는 수가 2, 4, 6, 8, 10······ 으로 2씩 커집니다.

❷따라서 ㉠에 알맞은 수는 31+12+14+16=73 입니다.

11 첫째부터 바둑돌의 개수를 차례로 세어 봅니다.

1개,
1+5=6(개),
1+5+9=15(개),
1+5+9+13=28(개),
1+5+9+13+17=45(개)······

늘어나는 바둑돌의 개수가 5개, 9개, 13개, 17개······ 로 4개씩 늘어납니다.

따라서 열째에 알맞은 바둑돌의 개수는
1+5+9+13+17+21+25+29+33+37=190(개) 입니다.

12 문제 분석

12 ❶수 배열의 규칙에 따라 다음과 같이 수를 쓴다면 / ❷35200은 몇째입니까?

27500 28600 29700 30800 ······
첫째   둘째   셋째   넷째

❶ 주어진 수 배열의 규칙을 찾습니다.
❷ ❶에서 찾은 규칙을 이용하여 35200의 순서를 구합니다.

❶27500부터 시작하여 1100씩 커지는 규칙입니다.

❷35200−27500=7700이고 7700은 1100씩 7번 커진 수이므로 35200은 여덟째입니다.

다른 풀이

27500부터 시작하여 1100씩 커지는 규칙입니다.
27500, 28600, 29700, 30800, 31900, 33000, 34100, 35200
······이므로 35200은 여덟째입니다.

13 (노란색 사각형의 수)

일곱째

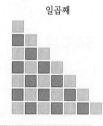

=1+3+5+7=16(개)

(분홍색 사각형의 수)

=2+4+6=12(개)

➡ 16−12=4(개)

14 문제 분석

14 ❶한 변의 길이가 3 cm인 정사각형을 그림과 같은 규칙으로 겹치지 않게 이어 붙였습니다. / ❷굵은 선의 길이의 합이 96 cm인 도형은 몇째입니까?

첫째   둘째   셋째   넷째

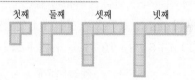

❶ 3 cm인 변의 개수를 찾아 만든 도형의 굵은 선의 길이의 합을 구한 다음 규칙을 찾습니다.
❷ 굵은 선의 길이의 합이 96 cm가 되는 도형이 몇째인지 구합니다.

❶첫째 도형부터 굵은 선의 길이의 합을 차례로 구하면 24 cm, 36 cm, 48 cm, 60 cm······로 12 cm씩 늘어납니다.

❷맨 처음 도형의 굵은 선의 길이의 합이 24 cm이므로 96 cm와 24 cm의 차는 96 cm−24 cm=72 cm이고 72 cm는 12 cm씩 6번 늘어난 것입니다.

따라서 굵은 선의 길이의 합이 96 cm인 도형은 일곱째 입니다.

주의

더 늘어난 굵은 선의 길이의 합 72 cm가 12 cm씩 6번이므로 여섯째 도형으로 생각하면 안 됩니다.
첫째 도형에서 6번 더 늘어난 것이므로 순서는 일곱째입니다.

1 1＋3＋5＋7 ; 4×4 ; 15, 15, 225

2 2＋4＋6＋8 ; 4×5 ; 25, 26, 650

3 오른쪽에 ◯표, 아래쪽에 ◯표, ↘에 ◯표 ;

넷째

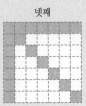

4

600	→	300	→	150	→	75
→	226	→	113	→	340	→
170	→	85	→	256	→	128
→	64	→	32	→	16	→
8	→	4	→	2	→	1

84쪽

1 1부터 시작하는 연속인 홀수의 합은
(홀수의 개수)×(홀수의 개수)입니다.

➡ $\underbrace{1＋3＋5＋7＋9＋\cdots\cdots＋21＋23＋25＋27＋29}_{\text{홀수가 15개}}$

＝15×15＝225

2 2부터 시작하는 연속인 짝수의 합은
(짝수의 개수)×((짝수의 개수)＋1)입니다.

➡ $\underbrace{2＋4＋6＋8＋10＋\cdots\cdots＋42＋44＋46＋48＋50}_{\text{짝수가 25개}}$

＝25×26＝650

85쪽

3 왼쪽 위에서부터 시작하여 오른쪽, 아래쪽, ↘ 방향
으로 각각 2칸씩 더 색칠했습니다.

➡ 넷째 도형은 셋째 도형에서 오른쪽, 아래쪽, ↘ 방
향으로 각각 2칸씩 더 색칠합니다.

4 600÷2＝300 ➡ 300÷2＝150 ➡ 150÷2＝75

➡ 75×3＝225, 225＋1＝226 ➡ 226÷2＝113

➡ 113×3＝339, 339＋1＝340

➡ 340÷2＝170 ➡ 170÷2＝85

➡ 85×3＝255, 255＋1＝256 ➡ 256÷2＝128

➡ 128÷2＝64 ➡ 64÷2＝32 ➡ 32÷2＝16

➡ 16÷2＝8 ➡ 8÷2＝4 ➡ 4÷2＝2 ➡ 2÷2＝1

1 여덟째   **2** 39째

3 6   **4** 505

86쪽

1 첫째: 3개

둘째: 3×3＝9(개)

셋째: 3×3×3＝27(개)

넷째: 3×3×3×3＝81(개)……

$\underbrace{3×3×3×3×3×3×3×3}_{\text{3이 8개}}$＝6561(개)이므로

남는 삼각형이 6561개가 되는 순서는 여덟째입니다.

2 분모가 같은 분수끼리 묶어 보면 다음과 같습니다.

$\left(\frac{1}{2}\right)$, $\left(\frac{1}{3}, \frac{2}{3}\right)$, $\left(\frac{1}{4}, \frac{2}{4}, \frac{3}{4}\right)$, $\left(\frac{1}{5}, \frac{2}{5}, \frac{3}{5}, \frac{4}{5}\right)$……

➡ $\frac{3}{10}$은 아홉째 묶음 중 셋째 분수입니다.

여덟째 묶음까지 분수의 개수는

1＋2＋3＋4＋5＋6＋7＋8＝36(개)이므로

$\frac{3}{10}$은 36＋3＝39(째) 분수입니다.

87쪽

3 0에서 출발하여 4칸씩 5번을 건너뛰면 다시 0으로 되
돌아옵니다.

549÷5＝109…4에서 나머지는 4이므로 549번째에
도착한 곳은 0에서 출발하여 4칸씩 4번 건너뛴 곳과
같습니다.

따라서 0에서 출발하여 4칸씩 4번 건너뛰면

0 → 4 → 8 → 2 → 6이므로 549번째에 도착한 곳의
수는 6입니다.

4 각 줄의 가장 왼쪽에 있는 수는 1, 2, 4, 7, 11……이
므로 1, 2, 3, 4……만큼 커지는 규칙입니다.

10째 줄의 가장 왼쪽에 있는 수는

1＋1＋2＋3＋4＋5＋6＋7＋8＋9＝46이므로 46
부터 시작하는 자연수 10개의 합을 구하면 됩니다.

➡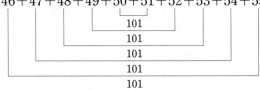

46＋47＋48＋49＋50＋51＋52＋53＋54＋55

＝101×5＝505